iPad+Procreate
建筑设计手绘从入门到精通

陈国华　梁开华　编著

北京大学出版社

PEKING UNIVERSITY PRESS

内 容 提 要

这是一本iPad建筑设计手绘表现技法的专业教程书。全书共有7章，第1章讲解iPad建筑设计手绘基础知识，第2章对Procreate操作技巧进行了精细讲解，第3章讲解了建筑设计手绘的透视、构图、光影等重要的绘画知识，第4章讲解了建筑配景的画法，第5章讲解了材质的绘制与表现，第6章与第7章分别讲解了不同功能建筑空间与不同建筑空间氛围的表现。本书从基础到进阶，配有大量的案例让读者学习和临摹。另外，为了方便读者学习，本书附赠案例所用笔刷和部分案例的讲解视频。

本书适合建筑设计师、与建筑设计相关专业的学生，以及iPad绘画爱好者阅读和参考，也可作为高校设计手绘专业的教材。

图书在版编目(CIP)数据

iPad+Procreate建筑设计手绘从入门到精通 / 陈国华, 梁开华编著. — 北京：北京大学出版社，2023.7

ISBN 978-7-301-34074-5

Ⅰ.①i… Ⅱ.①陈… ②梁… Ⅲ.①建筑设计 – 计算机辅助设计 – 应用软件 Ⅳ.①TU201.4

中国国家版本馆CIP数据核字（2023）第095510号

书　　　名	iPad+Procreate建筑设计手绘从入门到精通
	iPad+Procreate JIANZHU SHEJI SHOUHUI CONG RUMEN DAO JINGTONG
著作责任者	陈国华　梁开华　编著
责任编辑	王继伟　孙金鑫
标准书号	ISBN 978-7-301-34074-5
出版发行	北京大学出版社
地　　　址	北京市海淀区成府路205号　100871
网　　　址	http://www.pup.cn　新浪微博:@北京大学出版社
电子信箱	pup7@pup.cn
电　　　话	邮购部 010-62752015　发行部 010-62750672　编辑部 010-62570390
印　刷　者	北京宏伟双华印刷有限公司
经　销　者	新华书店
	787毫米×1092毫米　16开本　13.5印张　405千字
	2023年7月第1版　2023年7月第1次印刷
印　　　数	1-4000册
定　　　价	98.00元

前言
Preface

随着科技的发展，手绘工具也在不断更新迭代，从传统的纸面手绘到手绘板手绘，再到现在的iPad手绘，每一次科技的进步与软件的升级都是行业的发展与进步。在新时代的背景下，建筑设计行业已经步入高效、高质的时代，因此对设计师的工作效率提出了更高的要求。设计专业的同学们也需要学习更高效的专业技能，才能更好地适应行业的发展。

如今，iPad手绘因具有绘图速度快、质量好、程序少的特点，已被行业内多数设计师和插画师认可，成为一种全新的手绘创作方式。在实践中，iPad手绘完全能够胜任大型设计手绘图纸的绘制，且无论是在互联网上进行创作分享，还是与甲方进行设计意向交流，笔者都体会到了iPad创作的魅力。

本书以iPad+Procreate为创作媒介，以笔者多年的设计手绘经验为基础，给大家分享了实用的手绘技法与思路。全书内容系统、完整，由易到难，能够满足不同层次的读者。通过学习本书，相信初学者能够不再畏惧或排斥手绘，可以更高效、更高质量地完成设计工作，做出更实用、更富有创意的设计方案。

学习过程中，建议大家多总结、多运用、多做尝试，学会举一反三，抱着开放、包容的心态，多发现别人作品中的优点，并运用到自己的日常创作中。

希望大家可以在设计的道路上越走越远，哪怕本书只能带给你一瞬间的灵感启发，足矣。

温馨提示

本书附赠资源可用微信扫描右侧二维码，关注微信公众号，并输入77页下方的资源下载码获取下载地址及密码。

资源下载

目 录

第 1 章 iPad 建筑设计手绘概述

第 2 章 Procreate 轻松入门

第 3 章 iPad 建筑手绘基础知识

第4章　建筑配景画法

第5章　材质绘制与表现

第6章　建筑空间综合表现

第 7 章　建筑空间氛围表现

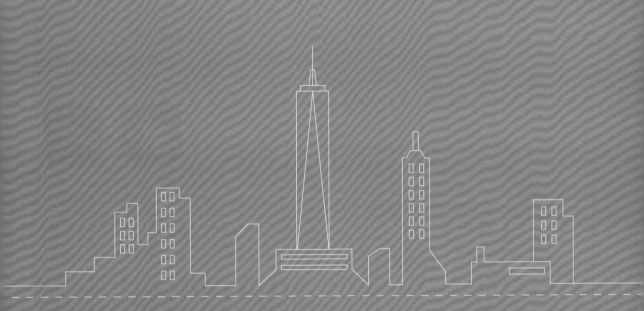

第 **1** 章

iPad 建筑设计
手绘概述

目前市面上常见的绘画方式有传统绘画和数字绘画两种。传统绘画的常用工具有彩铅、自动铅笔、针管笔、水彩和马克笔等。数字绘画的常用硬件工具有数位板、数位屏和iPad等，常用的软件有Photoshop、Illustrator等。无论是在互联网上分享绘画视频，还是与甲方进行商业合作，笔者都体会到了用iPad创作的魅力。本章重点为大家介绍iPad手绘与其他绘图方式的区别，以及iPad手绘工具。

1.1 iPad 手绘与其他绘图方式的区别

人有两件宝——双手和大脑。作为设计师，双手和大脑紧密联系，互相作用，当你有创意需要表达时，最直接方便的方式就是及时动手记录，配合大脑进行设计创作。无论是自由创作还是与他人进行沟通，动手能力直接影响效率与成果。手绘对于建筑师来说是一项技能，也是服务于设计的工具。

在学习 iPad 手绘之前，我们先了解一下 iPad 手绘与其他绘图方式的区别。

1. 纸面手绘与 iPad 手绘

一定强度的训练可以使传统的纸面手绘者掌握基本的绘制笔法、形体透视、质感表达、光影表达等。但传统纸面手绘的训练需耗费大量的时间与精力，很多人不仅难以绘制出自己满意的效果图，而且在练习阶段就难以坚持。

iPad+ Pencil+ Procreate，打造出了一种全新的建筑设计手绘表现方式，用现代科技的便携性服务设计，提高了生产力，以独特、实用、便捷、易上手等众多优势，迅速成为设计师青睐的新的手绘方式！

iPad+ Procreate

从下图可以看出：传统纸面手绘效果图与 iPad 手绘效果图都能展示设计效果，表达设计理念，但是又各有不同。

纸面手绘效果图　　　　　　　　　　　　　iPad 手绘效果图

在艺术特点上，传统纸面手绘可以表现得更生动，并且纸面材质具备特有的渲染效果，iPad 手绘图则更逼真、更接近于现实的场景效果。

在表现速度及特点上，传统纸面手绘出图较慢，适合勾勒设计方案草图，也适合绘制正式方案图纸，并且不受表现形式的限制，但对绘画的能力要求高，正稿通常要求一气呵成，几乎没有改错的余地。iPad 手绘修改方便，出图快，不受复杂的形体限制。

在设计理念和能力的培养上，传统纸面手绘可以帮助设计师构建徒手绘制三维立体的能力，并且在快速勾勒时可激发设计师的灵感，保持思维的连贯性。iPad 手绘可以辅助设计师快速、准确地建立三维立体空间，即使没有手绘透视基础也可以快速出图，不会影响设计师的思维连贯性和理念表达。

由此可见，传统纸面手绘效果图的特点是生动、概括，绘制速度较慢，不宜反复修改，适合表达创意；iPad 手绘效果图的特点是生动、概括，形体比例准确，绘制速度较快，可以反复修改，适合表达创意，能够激发设计师的灵感，其特点可以总结为快（绘图速度快）、高（绘图质量高）、少（减少烦琐的设计软件操作流程）、省（节省时间成本）。

2. 数位板和数位屏

数位板又称手绘板，通过数位板和一支压感笔来绘画。数位屏又称手绘屏，一般通过数位屏、一支压感笔和一个支撑架来绘画。在游戏里见到的逼真的场景和栩栩如生的人物一般是插画师通过数位板或数位屏绘制的。

数位板　　　　　　　　　　　　　　　　　　　　　数位屏

> **提示**
>
> 压感笔的压感在安装数位板的驱动后才会产生。压感级别就是用笔轻重的感应灵敏度，是数位板的一个非常重要的参数。购买数位板后，可以从官网上下载并安装对应的驱动。安装成功后开启界面，然后根据个人习惯对数位板的压感进行调整，可以调整"笔尖感应"和"倾斜灵敏度"等参数。

数位板和数位屏的品牌很多，读者可以根据自己的喜好和预算来选择适合自己的产品。挑选数位板时，主要考虑压感级别、板面大小、读取速度及分辨率等参数。

◎ **压感级别：** 压感级别越高，则越能感应到细微的不同。

◎ **板面大小：** 数位板的板面大小是影响其价格的主要因素。

◎ **读取速度：** 目前市面上数位板的读取速度普遍都在133点/秒以上。通常读取速度在100点/秒以上的配置，不会出现明显的延迟。

◎ **分辨率：** 常见的数位板读取分辨率有2540LPI、3048LPI、4000LPI和5080LPI。分辨率越高，绘画精度越高。

在绘画效果上，数位板与数位屏绘制的效果与iPad手绘最为接近，甚至在超大场景和超大分辨率上比iPad有着更高的精度与更好的效果。iPad可以理解为"行走"的数位屏，有着比数位板和数位屏更强的便携性和功能性。

3. 计算机绘制效果图

设计师在和客户沟通方案或去现场勘查时，除了带着绘画工具或抱着一块厚厚的数位屏，还要带上笔记本电脑为客户展示计算机建模绘制的效果图。

从下面的图中可以看出，在艺术特点上，计算机绘制效果图表现得更逼真。

在表现速度及特点上，计算机绘制效果图的绘制速度相对较慢，但可以反复修改，比较适合方案定稿的呈现，如遇到异形的体块和造型，在建模或渲染时，出图需要更长的时间。iPad手绘效果图修改方便，也不受复杂的形体的限制。

在设计理念和能力的培养上，计算机绘制效果图虽然可以帮助设计师理解物体的穿插结构，但由于其绘制速度较慢，会影响设计师的思维连贯性，因此不适合表达设计创意，更适合表现定稿后的精细效果。

由此可见，计算机绘制效果图的特点是真实、准确，绘制速度较慢，可以反复修改，不适合表达创意。

计算机绘制效果图

4. iPad 手绘优势

用 iPad 绘画可以避免被颜料弄脏衣服的麻烦，也可以避免数位板需要手眼分离的不适，以及计算机建模制图耗费大量的渲染时间。iPad 携带方便，能快速记录灵感，同时还可以快速绘制平面图、立面图、鸟瞰图等基本能够媲美 CAD 的前期技术图纸。随着技术的不断进步，iPad 手绘无疑会成为未来更有优势的设计表达方式。iPad 手绘有以下优势。

第一，透视零基础上手。在现代科技的加持下，iPad 上有各种所需的透视辅助工具，无须担心复杂的场景透视画不准、画不好。

第二，强大的效果笔刷。iPad 笔刷库中自带各种材质的笔刷，能满足日常场景表达的需求，甚至可以导入第三方笔刷或自主制作笔刷，满足任何材质的绘制表达。

第三，便携的现场制图。如实地考察项目时，需在现场进行设计意向的前期沟通，可现场进行草图绘制，提高工作效率。

第四，可逆的绘制过程。在绘制表达的过程中，有返回与前进的操作项，可进行可逆的绘制操作，大大提高了绘制的准确性。在绘制工程文件时可分图层绘制，容易修改。

第五，成熟的共享生态。iPad 手绘的绘制过程与工程文件可以随时随地与其他 App 进行协作绘制与共享，大大提高了工作的效率与工程的连接性。

1.2 iPad 手绘工具介绍

1. iPad 的选购

工欲善其事，必先利其器。选择一款合适的 iPad 能大大提高设计师的设计效率。下面是有关 iPad 手绘工具选购的介绍。对于想购买 iPad 的用户，需要先了解目前 Apple 主推的四大 iPad 产品有何异同，这样才能更好地选择。

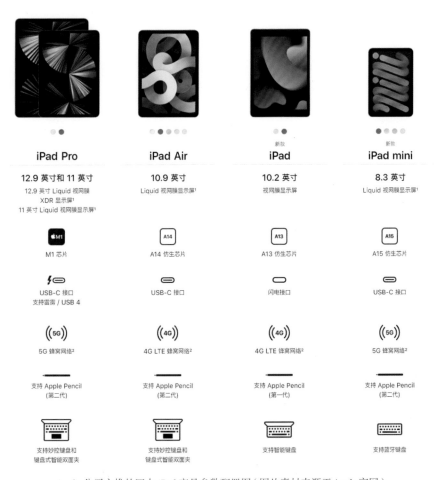

Apple 公司主推的四大 iPad 产品参数配置图（图片素材来源于 Apple 官网）

Apple 公司主推的四大 iPad 产品各自的特点

iPad Pro（高阶款）	iPad Air（中阶款）	iPad（入门款）	iPad mini（入门款）
轻薄、专业、性能强	轻薄、精致、娱乐、性能适中	大众、便宜	便携、小巧、小屏幕
专业画画，应用领域广	适合画画、轻办公	轻办公、业余画画	游戏、电子书、追剧
支持第二代笔	支持第二代笔	支持第一代笔	支持第二代笔
建议购买顺序：12.9 英寸 iPad Pro > 11 英寸 iPad Pro > iPad Air3 存储选择：专业画画 128GB 及以上，偶尔画图 64GB 及以上 尺寸选择：固定办公选 12.9 英寸，经常出差便于携带选 12.9 英寸以下			

　　选购 iPad 时，要根据自己的需求和预算评估来购买，不可盲目地选择，或者一味追求高规格、高配置，毕竟 iPad 产品会更新，追高追新并非理性的选择。用最少的投入达到自己的需求，才是最高的性价比产品。

　　如今，除了笔者首推的 iPad Pro 系列，iPad Air（第三代）、iPad mini（第五代）、iPad（第七代）等也可作为选购选项，能满足设计和绘图需求即可。

尺寸

　　iPad 尺寸有 10.9 英寸、11 英寸和 12.9 英寸等不同规格，建议首选 12.9 英寸，其屏幕较大，绘制时视野更广、使用更方便。（注：1 英寸约等于 2.54 厘米）

容量

建议选择内存容量为128GB或256GB的iPad，较大的内存能保证系统运行不卡顿，也能存储更多的工程文件。笔者使用的是256GB内存容量的iPad。

网络连接

建议购买Wi-Fi版iPad，它具有便携的手机热点连接，是无须插卡的蜂窝网络版iPad。

2. Apple Pencil 的选购

Apple Pencil作为iPad手绘的必要工具，其外观看起来就像一支普通的铅笔，但其性能十分强大，可以根据不同的压力呈现不同压感的笔触效果，且十分流畅，几乎无延迟。基于这样的使用体验，越来越多的设计师和插画师开始使用Apple Pencil在iPad上进行创作。

选购Apple Pencil时，如果平板电脑不是Apple公司旗下iPad产品，则需要在网上购买一支能和平板电脑适配的电容笔。这里主要介绍Apple公司旗下iPad产品搭配的Apple Pencil。在官方配置上，2017款的iPad Pro标配的是第一代Apple Pencil，2018款以后的iPad Pro标配的是第二代Apple Pencil。

3. iPad 保护膜的选购

iPad的保护膜有多种类型，笔者建议选择类纸膜，这种膜具有真实的阻尼感，更有纸张的触感，而且绘制时笔尖不打滑，同时还能防止眩光。

4. iPad 保护壳的选购

如今使用iPad的人越来越多，上至老人，下至小学生，由于价格较高、使用时间较长、使用频率较高，非常有必要做好设备的保护。在众多保护产品中，保护壳是人们最常用的，那么如何选购iPad保护壳呢？

Apple官网原装保护外壳（图片来源于Apple官网）

①**外壳材质**。优质的保护壳和劣质的保护壳使用的材质有着明显的区别。优质的保护壳采用的是聚氨酯材料，有着良好的手感，弹性也比较好，不会轻易发生变形，能较好地保护设备屏幕。劣质的保护壳使用的材料弹性差，容易变形，不能较好地保护设备。

②**工艺**。iPad保护壳在做工方面存在着明显的差别。优质的保护壳做工精细，没有毛边，手感光滑不磨手，不会伤害设备，散热、防静电等性能好，可以保持显示屏的干净，延长设备电池的寿命。劣质的保护壳做工粗糙，通常在边角处会有瑕疵，不小心还会划伤手指。

5. iPad 手绘软件的介绍

本书使用的软件为Procreate，该软件是Apple最佳设计奖得主，专为移动设备打造的专业级绘图软件，为商业插画设计师及其他绘画爱好者开发的软件。随着行业的发展，越来越多的建筑设计师开始使用 Procreate。Procreate 充分利用 iPad 屏幕触摸的便捷方式，加入了更加人性化的绘制设计，让 iPad 也能绘制出和计算机绘图软件相媲美的绘图效果，让使用者仿佛拥有了一个属于自己的移动艺术工作室。

Procreate 软件的功能非常强大，它支持多种触控笔（包括 Apple Pencil 等）和手指绘画，可以帮助设计师轻松创作出各种风格的作品。目前这款软件在其他平板电脑上不能使用，只能在 Apple 的 iPad 上安装使用（安装前需将 iPad 的系统更新到 iOS 13.2 及以上），在 App Store 中搜索 Procreate，购买后即可下载安装。

Procreate 的主要特点包括简洁的界面布局、丰富的笔刷、各类绘图辅助工具，操作简单，易于掌握，非常适合设计师日常画图使用。

本书案例使用 iPad Pro 11 英寸搭配 Apple Pencil 第二代绘制

本书使用的绘图软件是 Procreate 5X 版本。

本书以实用技能讲解为主，以基础功能运用为重点，因此软件的版本对学习本书的影响不大。

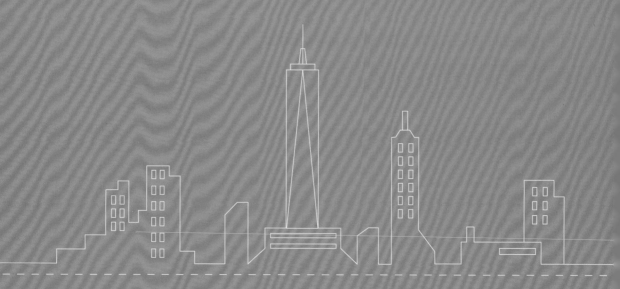

第 2 章

Procreate
轻松入门

本章将对Procreate界面布局和常用的手势控制进行讲解，并讲解如何新建画布、如何使用编辑功能区和绘图功能区的各项功能，以及如何用Procreate上色等。

2.1　Procreate 界面布局与手势控制

Procreate软件界面简洁、规整，功能布局也非常合理，使用方便，即使新手也能在界面布局的引导下顺利创建画布并绘制出简单的图案。在本节中，笔者将会对界面布局进行详细的讲解，让大家能更加系统地对Procreate界面的各个功能分布及使用有个全面的认识，使接下来的学习更加轻松。除了对界面布局的详解，笔者还对Procreate最具特色的常用手势控制进行总结，列出常用设置与操作习惯，让大家在绘图使用时更得心应手。

2.1.1　Procreate 界面布局

Procreate的界面主要分为4个部分，分别是版本详情板块、图库编辑功能板块、图库内容板块和绘图界面板块，下面为大家进行详细介绍。

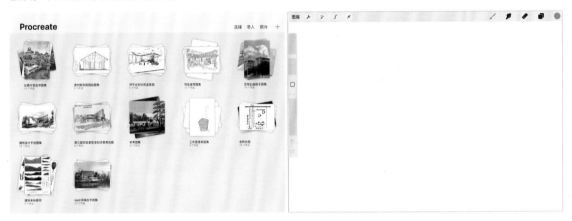

1. 版本详情板块

点击Procreate就可以进入系统详情界面，这里不仅可以查看当前版本，还可以恢复示例作品和图库内容。

2. 图库编辑功能板块

点击"选择"按钮可以选择多个作品。当选择两个以上的作品时，界面右上方会出现"堆"按钮，可以把选择的作品合并在一个文件夹中，这个功能可以方便大家进行作品的分类管理。

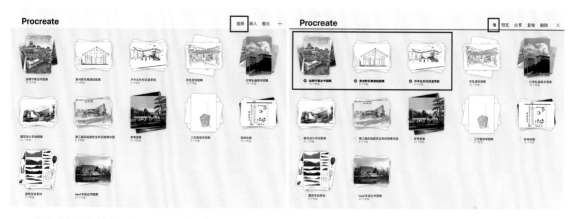

点击"导入"按钮可以导入文件内容。点击"照片"按钮可以导入相册中的图片。

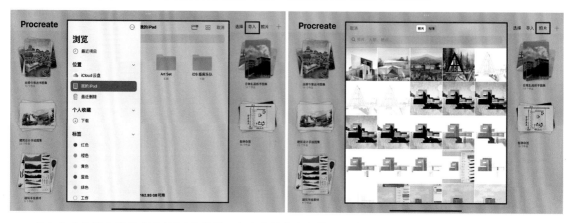

点击"+"按钮会弹出"新建画布"菜单,点击菜单右上角的 图标即可新建画布。

新建画布后可以对画布的各项参数进行设置,笔者一般会将常用画布的"宽度"和"高度"分别设置为3000px、4200px,DPI设置为300。其中,画布的最大图层数会根据画布大小自行变动,不可调节,画布越小则图层数越多,画布越大则图层数越少。设置完成后,点击"创建"按钮,即可进入新建画布。

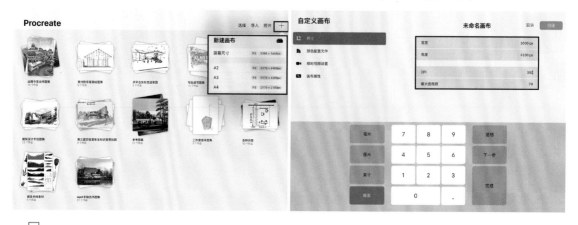

3. 图库内容板块

手指向左滑动选中的作品,则会出现"分享""复制""删除"3个按钮。点击"分享"按钮,会弹出多种图像格式,可以选择需要的格式进行分享。

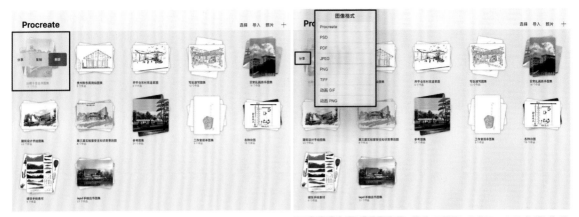

点击"复制"按钮，即可复制该作品，复制后会
自动粘贴至原作品的旁边。

点击"删除"按钮，可以删除不想要的作品。注
意，删除后不可恢复。

4. 绘图界面板块

Procreate 的绘图界面主要包含顶部的编辑功能
区、绘图功能区及左侧的笔刷调节功能区。

编辑功能区——"操作"按钮

点击"操作"按钮,将打开"操作"菜单,其中整合了常用的添加、画布、分享、视频、偏好设置及帮助功能组。

编辑功能区——"调整"按钮

点击"调整"按钮,打开"调整"菜单,其中整合了常用的画面处理功能,是作品后期处理的重要功能组。

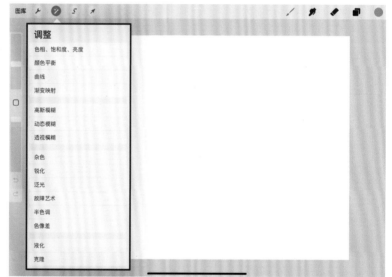

编辑功能区——"选区"按钮

点击"选区"按钮,在界面下方整合了自动选区、手绘选区、矩形选区和椭圆选区等功能,可以满足日常绘制选区的需要。

编辑功能区——"变换变形工具"按钮

点击"变换变形工具"按钮，在弹出的工具设置中整合了自由变换、等比、扭曲、弯曲等编辑物体的功能。

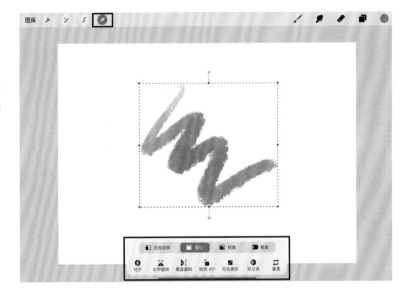

绘图功能区——"画笔"按钮

点击"画笔"按钮，可以看到软件自带的画笔库。由低版本升级后，可相应更新软件自带的画笔库。

绘图功能区——"涂抹"按钮

点击"涂抹"按钮，打开"画笔库"，涂抹工具同样可以选择画笔库的各式笔刷，不同的笔刷可以涂抹出不同的画面效果。

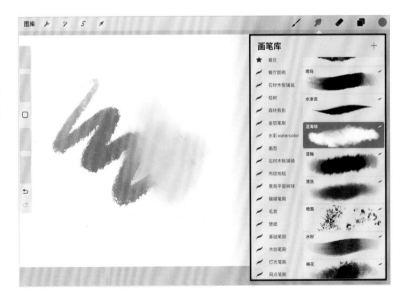

绘图功能区——"橡皮擦"按钮

点击"橡皮擦"按钮，打开"画笔库"，橡皮擦工具同样可以选择画笔库的各式笔刷，不同的笔刷可以表现出不同的擦除效果。

绘图功能区——"图层"按钮

点击"图层"按钮，可以打开"图层"面板。图层可以理解成胶片，不同图层等同于叠加不同的胶片，组合起来形成最终画面效果。图层可以帮助我们更便捷地进行画面分层创作。

绘图功能区——"颜色"按钮

点击"颜色"按钮，打开"颜色"面板，其中的功能类型较为丰富，笔者常用的两种模式如下。

笔刷调节功能区

该功能区主要有"笔刷尺寸""笔刷不透明度""撤销""重做"等。

◎ **笔刷尺寸：**用于调节笔刷、涂抹工具、橡皮擦的大小。

◎ **笔刷不透明度：**用于调节笔刷、涂抹工具、橡皮擦的不透明度。

◎ **撤销与重做：**点击"撤销"按钮，可以撤回上一步；点击"重做"按钮，可以恢复已取消的操作。

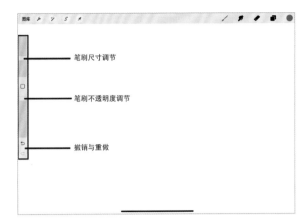

笔刷尺寸调节

笔刷不透明度调节

撤销与重做

2.1.2　Procreate 的手势控制

掌握了快捷手势操作就相当于掌握了计算机中的快捷键操作。在绘图过程中，常用的移动、缩放、旋转、撤销等命令，都可以通过快捷手势控制完成。

1. 两指手势操作

◎ **移动：**两指同时按住画布拖曳，可以移动画布。

◎ **缩放：**两指捏合或向外捏放画布，可以缩小或放大画布。

◎ **旋转：**两指转动，可以将画布自由旋转，画布旋转至接近水平或垂直时，则画布自动调整角度为 0 度或 90 度。

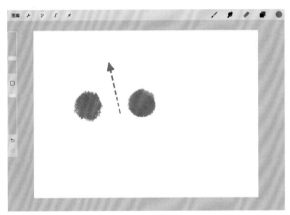

移动

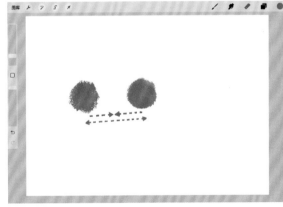

缩放

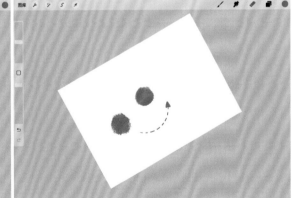

旋转

◎ **后退操作：**两指同时在画布上点击，默认返回上一步的操作；两指在画布上长按，则会快速后退。

2. 三指手势操作

◎ **拷贝并粘贴：**三指向下滑动，可调出"拷贝并粘贴"面板。

◎ **清除图层：**三指在画布的任意位置来回滑动，即可清除图层上的所有内容，该功能在草稿阶段使用会很便利。

3. 四指手势操作

◎ **全屏显示画布：**如果需要进入全屏模式，四指在画布上同时点击，工具栏就会消失，同时在左上角会显示一个▢图标。四指点击画布或点击左上角的▢图标即可恢复显示工具栏。

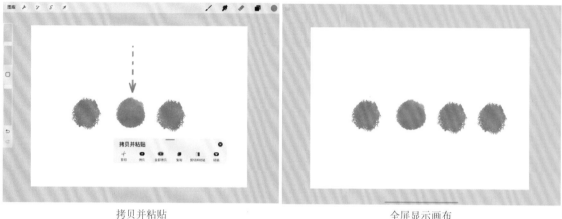

拷贝并粘贴　　　　　　　　　　　　　　　全屏显示画布

2.2 新建画布

　　讲解基本操作之前，先完成画布的创建。画布需根据创作内容的质量要求创建，由于设备内存不同，画布尺寸会影响可用图层的数量，同时影响作品工程文件占用内存空间的大小。笔者建议根据作品用途选择创建画布的尺寸与分辨率，以不超过A2大小的尺寸为宜。

　　点击图库右上角的"+"按钮，创建画布，系统提供常见的尺寸选项，可优先选择软件自定义默认画布，方便快速创建画布。创建新画布后会留下记录，当使用同样的画布时直接选择即可。

　　在"自定义画布"的选项里，可以根据创作内容创建自定义尺寸的画布，根据不同单位输入画布尺寸，完成创建。

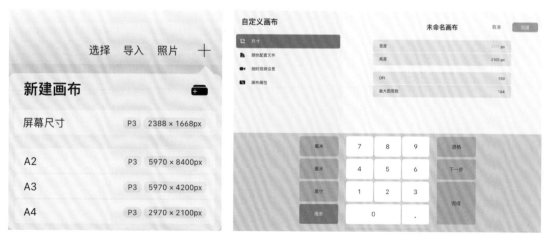

　　"自定义画布"里除"尺寸"外，还有"颜色配置文件""缩时视频设置""画布属性"等选项，可以根据后期使用需求设置相应参数。

2.3 编辑功能区

2.3.1 操作功能详解

"操作"功能面板中包括添加、画布、分享、视频、偏好设置、帮助等功能组。

1. 添加

在"添加"中，可以完成创作素材的导入。

◎ **插入文件:** 从设备文件夹中导入素材；可以通过该功能选项插入Procreate源文件或PSD格式的文件，导入的文件将会保留原来的图层样式。

◎ **插入照片:** 从设备相册中导入素材。

◎ **拍照:** 利用相机拍照完成素材导入。

◎ **添加文本:** 使用该功能可以在画布中插入文字，输入文字后可点击编辑文字样式，根据需要对字体进行设置，该功能对于设计师而言非常实用。

◎ **剪切:** 用于剪切当前画布上的对象。

◎ **拷贝:** 用于复制当前画布上的对象。

◎ **拷贝画布:** 将复制整个图层作为单个图像。

◎ **粘贴:** 可使用三指下滑完成快速选择操作。

2. 画布

在"画布"中，可以完成画布的编辑相关操作，主要包括裁剪并调整大小、绘图指引、参考、水平翻转、垂直翻转等功能。

◎ **裁剪并调整大小:** 可以在该功能中完成对画布的裁切。

画布设置

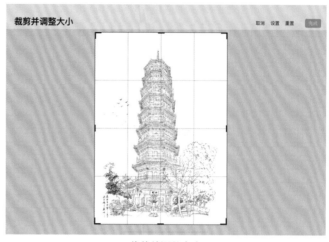

裁剪并调整大小

◎ **动画协助:** 这个功能主要用于做Flash动画，在这里不展开讲解。

◎ **绘图指引:** 这个是软件中的常用功能，主要有2D网格、等距、透视、对称等功能，对日常画图有很大的帮助。

· **2D网格:** 主要用于平面图的绘制，有水平、垂直线条的辅助功能。在调整栏中可以更改不透明度、粗细度、网格尺寸等。如果需要不同的网格比例，则可以在网格尺寸中缩放网格大小。如果需要对斜线进行辅助，则可以通过调整"蓝点""绿点"对网格角度进行更改，完成斜线辅助。

· **等距:** 如果需要绘制轴测图，可以开启"等距"辅助功能，绘制的线条都是平行线条，没有透视感，绘制比例准确，在建筑轴测中也是常用功能。

· **透视：** 在透视辅助操作中，可以实现一点、两点、三点等常用透视的辅助操作。点击画布一处，创建一点透视；点击画布两处，创建两点透视；点击画布三处，创建三点透视；按住蓝点（消失点）拖曳，可以移动消失点。

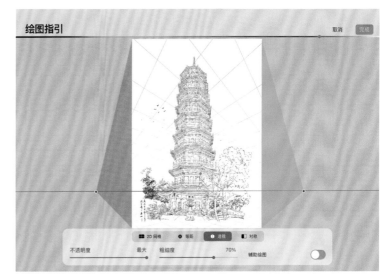

· **对称：** 对称辅助可以非常方便地绘制对称形体，开启"对称"辅助功能以后，只要绘制一侧，另一侧可以实现镜像辅助绘制。

3. 分享

在"分享"中，可以根据需要设置"分享图像"和"分享图层"相关选项，以满足不同的用途。常用的"分享图像"格式为 JPEG。

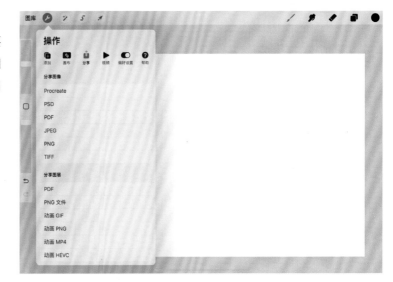

4. 视频

在"视频"中，默认开启"录制缩时视频"。工作中常用"缩时视频回放"和"导出缩时视频"这两个功能。

5. 偏好设置

◎ **浅色界面：**可以根据个人习惯调整界面，开启该功能后，界面颜色变为浅色；关闭该功能后，界面颜色变为深色。

◎ **右侧界面：**开启该功能后，快捷栏就会显示在右侧。

◎ **画笔光标：**开启该功能后再用笔刷，屏幕上就会出现笔刷的大小预览图，笔者一般习惯关闭这个功能。

◎ **手势控制：**这是软件使用前的常用设置。"偏好设置"中的其他功能大家可以自行尝试。

进入"手势控制"设置界面，将"辅助绘图"中的"轻点"激活，将其他项关闭，这样可以方便地快速开关绘画辅助功能。

找到"吸管"选项，将"触摸并按住"激活，将其他项关闭，此功能使我们用单指按住画面即可吸取颜色，是绘图过程中非常合理又便捷的手势操作。

找到"速创形状"选项，将"绘制并按住"激活，将其他项关闭，此功能可以使笔刷绘制出流畅的图形，是Procreate中有特色且高效的图形创作方式。

找到"拷贝并粘贴"选项，将"三指滑动"激活，将其他项关闭，此功能可以通过三指向下滑动快捷调用剪切、拷贝、复制等命令。

找到"常规"选项，将"禁用触摸操作"和"捏合缩放旋转"激活，将其他项关闭。第一项功能可以让我们的手不再产生画笔笔触，但还是可以执行移动旋转等操作，这可以有效解决误触的问题。第三项功能可以在捏合画布的时候旋转画布，符合人们本能的操作逻辑思维。

2.3.2 调整功能详解

当画面绘制完成后，可以使用软件的"调整"功能进行后期处理，调整色相、饱和度、亮度，微调颜色平衡，用曲线配合直方图调整色彩等。

1. 色相、饱和度、亮度

这是色彩调整里的基础操作，用于对画面的色相、饱和度、亮度进行基本的调整。3个功能滑键可以调整图像的整体色彩质量。色相决定图像的整体色调，色相条呈现的是可用色彩光谱；饱和度决定色彩的鲜艳程度，往左右滑动功能滑键可以调整色彩的饱和度；亮度决定画面的明暗程度。

2. 颜色平衡

改变颜色平衡可以校正色彩或为你的配色增添不同的风格效果，为作品增色。

通过颜色平衡的调整，画面的色调更为统一，色彩更加丰富。屏幕上的颜色由红色、绿色、蓝色三原色组成，以不同方式组合能使画面呈现千变万化的独特色彩。使用颜色平衡可以校正画面颜色，也可以创造独特的色彩风格。

3. 曲线

强大的曲线功能可以调整图层的色调。曲线是目前调节色彩的最高阶方式。

"曲线"用图表直线来表示图层上的色调参数，可以将直线变为曲线来改变色彩。图表上的有色部分反映了图像上各颜色的分布与颜色的多少。

4. 渐变映射

渐变映射分析图像里的高光、中间调和阴影部分，接着以新的渐变映射填充色取代原图像的色阶。可以将软件自带的渐变色套用到原图像的色阶上，也可以自定义渐变映射来创造令人惊艳的作品。

"渐变映射"的"渐变色库"自带几种预设渐变，可以瞬间应用在作品上，呈现火焰、霓虹灯、黑暗、摩卡等风格。使用时，点击任一渐变色板，即可在图像上应用。在渐变色库里向左或右滑动手指，可以让各种渐变色在画布上如跑马灯般实时呈现应用效果。

点击并长按一个预设渐变，可选择"删除"或"复制"；而点击、长按并拖曳一个预设渐变，可在渐变色库里移动其位置。若想恢复渐变色库原有的预设渐变，点击并长按"渐变色库"面板右上角的"+"按钮，再点击"恢复默认值"按钮即可。

"渐变色库"：在新建或编辑渐变时，选择任意预设即可进入"渐变映射"色阶界面。

"渐变映射"色阶界面：进入界面后，可以看到带有至少两个色点的渐变，色阶的左边影响的是图像中的阴影、暗调部分，而右边影响图像的高光和亮调部分。

调整完毕后点击画面，可以进行"撤销""应用""取消"或"重置"本次调整操作。

5. 高斯模糊

"高斯模糊"可以将图层边缘柔化，让图像呈现柔和、失焦的视觉效果。

先选择需要模糊处理的图层，然后在任意位置用单指左右滑动，即可在屏幕上方看到一个蓝色长条，显示调整参数，这个蓝色长条显示图像的模糊程度。最初默认为0%无模糊；向右滑动手指能增强模糊效果，向左滑动可减弱模糊效果。

调整前　　　　　　　　　　　　　　　　调整后

6. 动态模糊

"动态模糊"可以产生一种类似相机慢快门的拍摄效果，可为作品增添速度感及动态感的视觉效果。

选择需要调整的图层，在任意位置用单指左右滑动，即可调整动态模糊的强度，原理与"高斯模糊"一样。

调整前　　　　　　　　　　　　　　　　调整后

7. 透视模糊

"透视模糊"通过创建全面或单向的放射型模糊来表现镜头缩放及爆炸的效果。

选择需要调整的图层，点击"透视模糊"会在屏幕中间出现一个圆盘，移动这个圆盘可以调整透视模糊的向心位置，然后在任意位置用单指左右滑动，即可调整透视模糊的强度。

调整前

调整后（"位置"）　　　　　　　　　　　　　　调整后（"方向"）

8. 杂色

选择需要调整的图层，然后在"调整"菜单中选择"杂色"，左右滑动屏幕即可调整杂色效果的强度。

调整前　　　　　　　　　　　　　　　　　　　调整后

9. 锐化

使用"锐化"可调整画面的清晰度，用手指或笔在屏幕上左右滑动就可以调整锐化的强度。

调整前　　　　　　　　　　　　　　　　　　　调整后

10. 泛光

选择需要调整的图层，然后在"调整"菜单中选择"泛光"，左右滑动屏幕即可调整泛光效果的强度。

调整前   调整后

11. 故障艺术

选择需要调整的图层，然后在"调整"菜单中选择"故障艺术"，左右滑动屏幕即可调整故障艺术效果的强度。

调整前   调整后

12. 半色调

选择需要调整的图层，然后在"调整"菜单中选择"半色调"，左右滑动屏幕即可调整半色调效果的强度。

调整前   调整后

13. 色像差

选择需要调整的图层，然后在"调整"菜单中选择"色像差"，左右滑动屏幕即可调整色像差效果的强度。

<table>
<tr><td>调整前</td><td>调整后</td></tr>
</table>

14. 液化

"液化"为图像进行"瘦身"或变形处理提供了多种模式，与其他工具结合使用能产生独特的图像效果。以下是在作品上使用推、转动、捏合、展开、水晶和边缘等的效果。

◎ **推：** 就像增强版的涂抹功能，以笔画方向推动像素。

◎ **转动：** 有顺时针及逆时针方向的设置，在笔画周边转动像素。

◎ **捏合：** 吸收笔画周围的像素。

推的效果

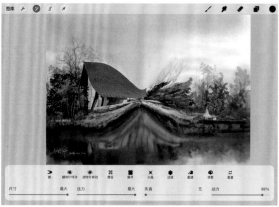

顺时针转动的效果

逆时针转动的效果

捏合的效果

◎ **展开**：将像素从笔画处向外推开，打造如吹气球的效果。

◎ **水晶**：将像素从笔画处不平均地推开，打造出细小尖锐的碎片效果。

展开的效果　　　　　　　　　　　水晶的效果

◎ **边缘**：以线状吸收周围的像素而非往单点吸收，效果类似于将图像对半折起。

◎ **重建**：可以让当前的液化效果渐渐还原为原始作品；当液化图像的某个部分太显著又不想影响其他已套用的效果时，这是个可以复原该区块的实用方法。

屏幕底部的功能滑键可以调整液化笔刷的各项参数。

◎ **尺寸**：控制笔刷的尺寸大小，决定液化效果影响的范围。

◎ **压力**：以按压 Apple Pencil 的力度决定效果的轻重。

边缘的效果

◎ **失真**：为液化效果增添一点混沌的元素，使效果更扭曲，锯齿或转动幅度更大。

◎ **动力**：让液化效果在笔尖从画布离开后能持续变形。

15. 克隆

"克隆"可以快速又自然地复制画面内容，将图像的一部分拷贝并绘制到另一部分中，用图像的一部分取代另一部分，该功能类似于Photoshop中的"仿制图章工具"。

以小圆盘作为来源点并开始绘图，即可将来源点处的图像拷贝至画布任意处。

根据材质和纹理可以选择任意Procreate笔刷作为克隆笔刷样式。

使用克隆工具可以帮助我们对素材进行修改，针对要修改的内容，选择适当的

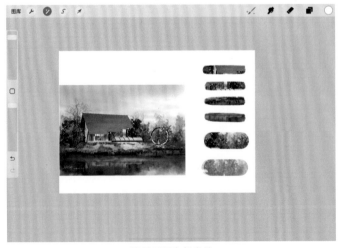

拷贝至画布任意处

笔刷，便于边缘的融合。以下图为例，使用边缘较为模糊的"喷溅涂抹"笔刷，画面边缘融合得比较协调自然。如果选择方块笔刷或其他边缘硬朗的笔刷，则边缘较为生硬，不利于画面融合。

克隆前　　　　　　　　　　　　　　　　　　　克隆后

2.3.3 选区功能详解

选区工具可以对画面的局部进行修改，在选中区域可进行涂抹、擦除、填色等操作。软件共提供了4种模式，可灵活选用。

1. 自动

"自动"模式用一指点击即可选中，比如同色彩快填，可拖曳手指来调整选区阈值。"自动"模式适合选择色块干净、统一并且没有很多渐变色的区域。

> **提示**
>
> 有时使用"自动"模式选择时，可能会选中区域以外部分或区域内未能全部选中，这时笔尖不要立即离开屏幕，稍微停顿几秒，笔尖在屏幕上左滑或右滑，通过调整选择阈值来改变选择区域的大小。线框是闭合的或是干净没有渐变杂质的色块，才能实现"自动"选择，否则无法自动选择区域。

2. 手绘

"手绘"模式用手动描线选取选区，相当于照片抠图功能，适合选取边缘复杂的物体。激活该模式后可在工作区中自由选择需要的区域，然后对选区进行修改和上色等操作。Procreate支持对选区进行缩放、平移和旋转等操作。

自动　　　　　　　　　　　　　　　　　　　手绘

3. 矩形

激活"矩形"后在屏幕上拖曳，就可以绘制出矩形选区。在造型为方块形状时可以使用；在色块复杂，无法使用"自动"模式时也可以使用。矩形选区的大小可以由触控笔缩放控制，完成选区的绘制后可以对选区进行填充和描边等操作。

4. 椭圆

激活"椭圆"后在屏幕上拖曳，就可以绘制出椭圆形选区。该工具除了能绘制椭圆形选区，还可以绘制圆形选区。绘制圆形选区时，先用右手握笔绘制椭圆，笔尖在屏幕停留时用左手单指轻触屏幕，即可生成圆形选区。

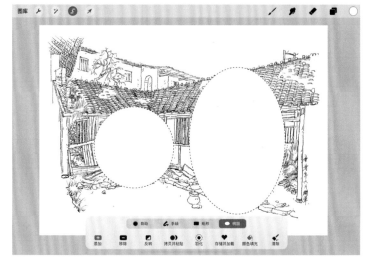

5. 辅助功能

软件提供了辅助操作模式，可以提高绘图效率。

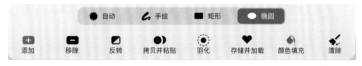

◎ 添加：在已选取物件外添加更多选区，可以随创作步骤逐渐构造复杂的选区形状。在不同的选区模式下，其操作有所不同。在"手绘""矩形"和"椭圆"等模式中，点击一次"添加"，可以在已选的选区外继续绘制新选区，实现加选功能。

在"手绘"模式中再次点击"添加"后，可将任何未完成绘制的选区自动闭合。

◎ 移除：如果选取过多或使用了错误的形状，可以使用"移除"功能轻松剔除。

◎ 反转：用"反转"功能可将选区完整反选。

◎ 拷贝并粘贴：对选区感到满意后，点击"拷贝并粘贴"即可拷贝已选物件并以新图层的方式进行粘贴。

◎ 羽化：选取区域默认羽化值为0%，即选区有着清晰的边缘；如果想要柔化的效果，则可在选区确定后，点击"羽化"来调整边缘柔化的强度；设置为0%时，选区边缘最清晰，随着数值调高，选区的边缘会越来越柔和。

◎ 存储并加载：可将重复使用的选区保存下来，并在需要时随时使用。点击"存储并加载"，在弹出的"选区"面板右上角点击"+"按钮，就能保存当前选区。在列表中任意点击一个选区就能使用历史保存的选区。

◎ **颜色填充：**选中"颜色填充"，任意选取选区，则会用选定颜色自动为选区填色。

◎ **清除：**点击"清除"可移除当前选区。

2.3.4 | 变换功能详解

点击"变换变形工具"按钮，即可在屏幕下方的变换变形工具栏中看到4种不同的变换模式，大家可根据需要选择适合的模式调整尺寸和形状。

1. 自由变换

"自由变换"模式可以在不维持原图像比例的状态下自由延展或挤压图形。

自由变换前　　　　　　　　　　　　　　　　自由变换后

2. 等比

"等比"模式可以保持原物件的比例，如果延展物件的长度，则宽度将自动延展，以维持原长宽比。

3. 扭曲

该模式在对物体进行变形处理时经常会用到，选中需要扭曲的对象，然后调整不同的节点即可对其进行变形，这样可以拉伸出透视或特殊角度，以满足拼贴需求。

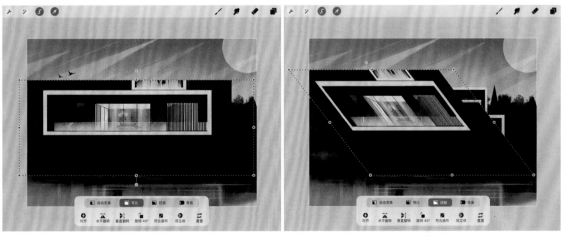

等比　　　　　　　　　　　　　　　　　　扭曲

4. 弯曲

"弯曲"模式可创造更复杂的效果，能对物体进行任意的变形处理，移动网格外的节点或拖曳网格来创造3D立体效果；还可以折叠图像，对选取的内容进行局部微调，满足画面表现需求。

2.4 绘图功能区

绘图功能区是进行绘图的重要区域，本节将详细介绍绘图中笔刷的相关知识，充分了解笔刷工具对后期画面绘制的重要性。

2.4.1 绘图功能详解

1. 画笔库笔刷分类介绍

软件自带的笔刷能够满足日常使用的需要，随着软件的更新，画笔库也会不断地更新。此外，可以根据自己的需要导入第三方笔刷。

软件自带的多款笔刷已进行分类，便于选择和使用。比如表现草图构思、底图构思，可以使用"素描"类笔刷；墨线勾画、线稿深入绘制，可以使用"着墨"类笔刷等。

◎ **基础涂抹类：**"上漆""气笔修饰"类笔刷适用于平涂底色、基础绘制。

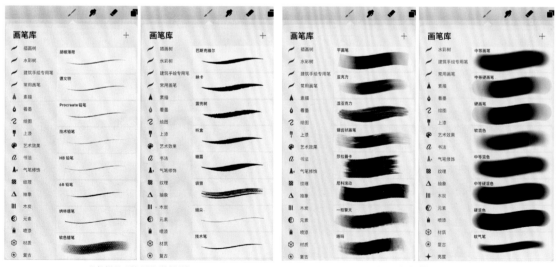

"素描""着墨"类笔刷　　　　　　　　　　　　　"上漆""气笔修饰"类笔刷

◎ **艺术效果类：**"艺术效果""抽象"类笔刷适用于涂抹建筑、风景类背景，以及绘制室内材质艺术效果。

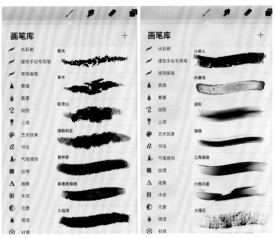

"艺术效果""抽象"类笔刷

还有很多笔刷分类，这里不做详细介绍，大家可以在日常练习时发掘使用。

2. 画笔工作室讲解

"画笔工作室"为现有笔刷提供了各种设置，大家还可以创建专属于自己的全新笔刷。

有两种方式可以进入"画笔工作室"：点击要使用的笔刷，对它进行编辑；或点击"画笔库"右上角的"+"按钮创建新笔刷。这两种方式皆会进入同一个"画笔工作室"面板。

"画笔工作室"面板分为 3 个部分：属性参数、参数设置、绘图板。

点击左侧菜单中的任一属性就能更改该属性中的参数设置，并在右

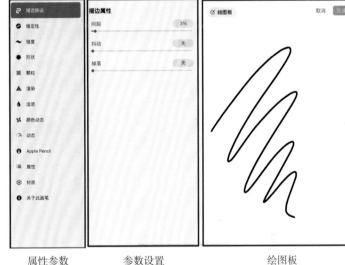

属性参数　　　　　参数设置　　　　　绘图板

侧绘图板中实时看到调整结果。（注：由于版本更新，功能升级，部分笔刷参数会有调整，详情可以在官网的"Procreate 使用手册"中查看最新的内容，了解更全面的"画笔工作室"相关介绍。）

3. 个性化笔刷定制

（1）石材纹理笔刷制作方法

在日常工作中，有时需要用一些特殊笔刷来提高画图效率，特别是一些材质纹理类笔刷，从成千上万的笔刷素材库中筛选出适合的笔刷十分麻烦，因此掌握笔刷制作的基本知识与方法非常重要。下面将讲解笔刷的制作方法。

01 准备好贴图素材。建议选择像素高、材质纹理清晰、黑白对比强的正方形图片素材。

02 选择合适的笔刷模板进行素材替换。本案例从软件自带的画笔库中选择"元素＞水"作为制作模板。找到该笔刷后，单指左滑，复制一个笔刷作为制作模板。

03 点击复制的"水 1"笔刷，进入"画笔工作室"，点击"颗粒"属性，进入编辑模式。

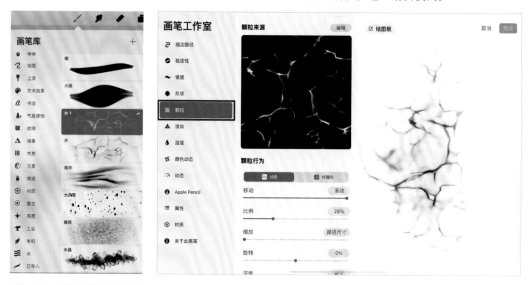

04 点击中间参数设置栏的"编辑＞导入＞导入照片"，导入准备好的贴图素材。

05 从相册中导入贴图素材后，完成素材替换，即可在"绘图板"中看到笔刷的预览效果。

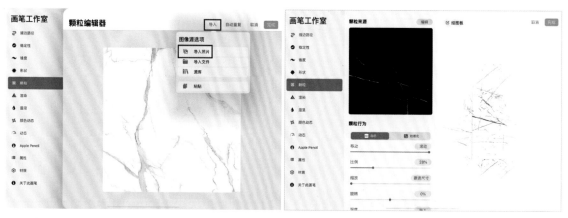

06 点击属性栏的"关于此画笔"，更改新笔刷的命名及其他信息，完成笔刷制作。

07 返回"画笔库"即可看到制作完成的笔刷，单指长按笔刷，将笔刷拖曳到相应的笔刷组中，方便画图时选用。

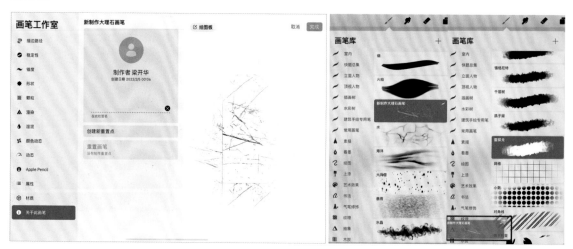

> **提示**
>
> 　　类似的笔刷可以按照该方法进行制作，大家可以尝试制作木纹类、墙纸类、地砖类、墙砖类等笔刷。
> 　　利用模板替换素材是较为简单的方法，很多笔刷参数不需要再次设置，可降低制作难度，提高画图效率，这是笔者常用的方法。

（2）圆点笔刷制作方法

　　平面图绘制过程中需要各类平面素材，如果有合适的素材笔刷，那么平面图的绘制效率会大大提高。接下来为大家讲解绘制平面图的相关笔刷的制作方法。

　　01　在"气笔修饰"笔刷组中选择"硬气笔"作为模板，并复制该笔刷。

　　02　点击复制的笔刷，进入"画笔工作室"，在属性栏的"描边路径"中修改"间距"。在修改参数的过程中，随时查看右侧绘图板中笔刷预览效果的变化，将圆点调整至合适大小。

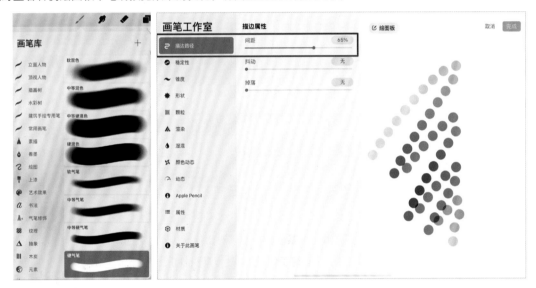

　　03　至此圆点笔刷制作完成。可以通过调整笔刷的尺寸与不透明度，在画布中尝试绘制不同的造型，如大圆、小圆、圆点线等，也可以尝试修改参数，发现更多变化。

　　04　重新回到"画笔工作室"，在"画笔工作室"面板中点击"形状>编辑"，打开"形状编辑器"，再点击"导入>源库"，选择适合的图案样式，即可完成编辑。

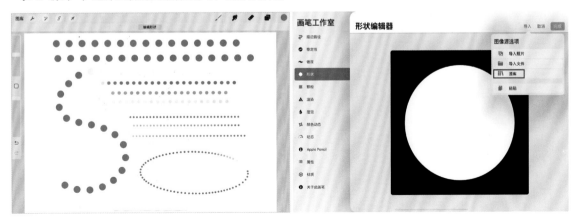

提示

在图案样式中，可以根据个人喜好与用途选择图案。笔者选择右边的样式，该样式形成的笔刷可用于绘制平面植物。

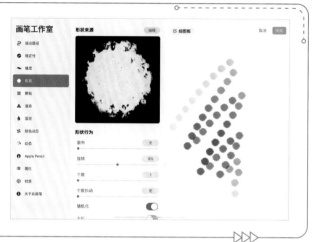

05 图案替换完成后，可以在属性栏的"关于此画笔"中重新对笔刷进行命名，得到一个新笔刷，然后就可以在画布上尝试使用了。

提示

阴影绘制方法：复制一个绿色图层置于底部，将颜色调成黑色，拖曳并平移图层至合适的位置，阴影制作完成。

（3）平面树笔刷制作方法

01 准备好笔刷图片素材，要求是正方形、像素较高、明暗对比强。

02 使用上一个圆点笔刷作为模板，进入"画笔工作室"，进行素材替换。在"画笔工作室"面板中点击"形状>编辑"，打开"形状编辑器"，再点击"导入>源库"，选择适合的图案样式，即可完成编辑。

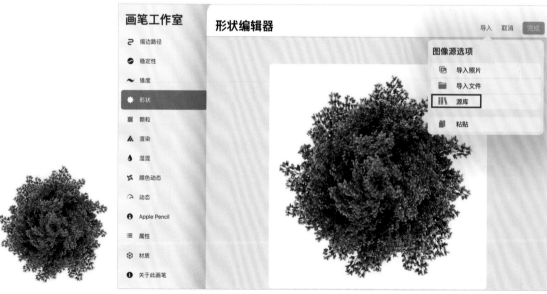

03 由于素材格式问题，需要调整图层样式，在"画笔工作室"面板中点击"颗粒"选项，将"混合模式"设置为"差值"。

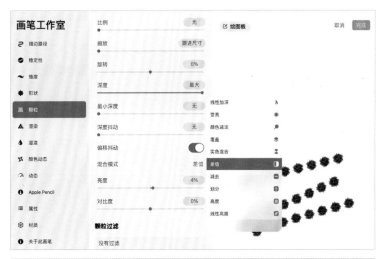

04 笔刷制作完成后，在画布上进行实践。接下来可以尝试更多素材制作练习。

（4）植物叶片笔刷制作方法

01 准备好植物叶片素材作为笔刷的基本样式，要求为正方形、像素较高、外形简洁。

02 选择笔刷模板。在"有机"笔刷组中找到"蜡菊"，选择并复制为"蜡菊 1"。

03 进入"画笔工作室"，进行素材替换。方法同以上笔刷的制作，在"画笔工作室"面板中点击"形状＞编辑"，打开"形状编辑器"，再点击"导入＞导入照片"，选择适合的图片，即可完成编辑。

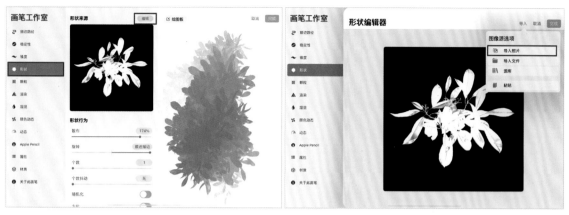

04 笔刷制作完成后，在画布上进行尝试。在绘制的过程中，注意立体感与明暗的控制。

（5）笔刷颜色动态设置方法

对比以下两组植物，使用同一笔刷绘制，却出现了截然不同的色彩变化，这就是笔刷的"颜色动态"设置。通过参数设置，笔刷无须反复吸色，也可以绘制出丰富的色彩变化。

颜色动态设置的方法为：在"画笔工作室"面板中点击"颜色动态"选项，然后在"图章颜色抖动"中调整"色相"和"饱和度"参数，再根据需要调整其他参数即可。

颜色动态强度根据绘图需要进行调整，可以尝试不同参数带来的颜色变化。

4. 笔刷的导入方法

导入更多的笔刷可以更加方便日常画图，兼容的笔刷文件格式有 .brush 和 .ABR，接下来讲解常用的几种导入方法。

（1）从 iCloud 云盘中导入

01　点击"画笔库"右侧的"+"按钮，创建新笔刷。

02　点击"画笔工作室"右上方的"导入"按钮。

03　从"iCloud 云盘"中选择笔刷进行导入。

04　导入成功后，该笔刷将会被自动放置于"已导入"笔刷组中。

（2）从微信、QQ 或网盘等应用程序中导入

01　在 iPad 上登录微信、QQ 或网盘等应用程序，将整理好的笔刷文件在线发送或存储。

02　接收并打开笔刷文件，选择"用其他应用打开"，打开方式选择 Procreate，完成自动导入。

03 在画笔库中查看已导入的笔刷。

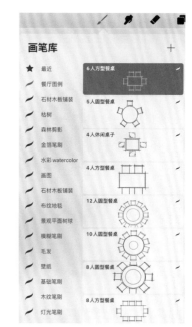

提示

　　笔刷的导入方法可以根据个人情况灵活选择，刚开始使用软件时，不要一次导入过多笔刷，否则会占用大量的内存空间，而且查找笔刷会很不方便。导入几个常用的笔刷即可，有特殊需求的可以在"画笔工作室"中通过修改参数和替换素材，挖掘出真正适合自己画图习惯的笔刷。

5. 笔刷的分类整理

　　笔刷导入或制作过多时，在查找过程中会耗费大量的时间，此时需要对笔刷进行分类整理，使笔刷的使用更高效。

（1）创建笔刷组

　　将笔刷组列表往下拉，会看到上方出现一个"+"按钮，点击该按钮即可创建新的笔刷组。长按笔刷组可调整该组在列表中的位置。

（2）自定义笔刷组选项

　　点击自定义笔刷组，即可看到"重命名""删除""分享"和"复制"选项。

　　◎ **重命名：**默认设置下，一个新笔刷组自动命名为"无名组合"；点击该笔刷组，再点击"重命名"，即可为笔刷组自定义名称。

　　◎ **删除：**可删除一个自定义笔刷组，注意这个操作无法撤销。

　　◎ **分享：**将自定义笔刷组及内含的所有笔刷一并导出为单个文件。

　　◎ **复制：**可复制整个自定义笔刷组；也可复制Procreate的默认自带笔刷组。

（3）笔刷分类成组

将导入的零散笔刷重新归类成组，可单指长按笔刷，将笔刷拖曳至新建笔刷组中。右滑笔刷可以选择单个笔刷，重复右滑可以选择多个笔刷，这样可以完成多个笔刷的拖曳动作。

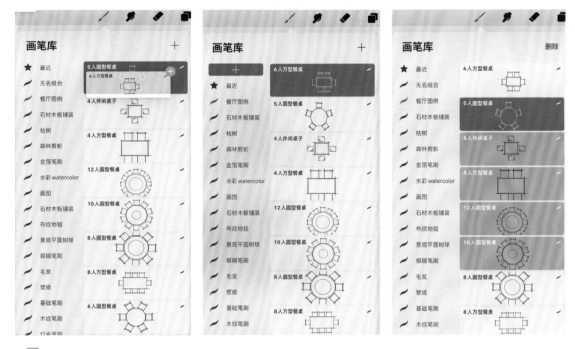

6. 笔刷的导出方法

选择单个笔刷，左滑会出现"分享""复制""删除"按钮，点击"分享"，完成笔刷的导出。

导出的路径跟导入类似，可以通过多种方式完成导出操作。

笔刷组导出的方法与单个笔刷的导出方法相似，点击笔刷组，出现"分享"选项，点击"分享"选项，之后选择具体导出方式，完成导出操作。

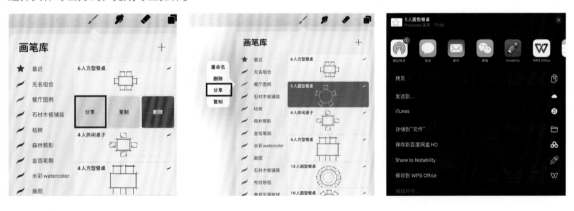

> **提示**
>
> 　　随着软件与硬件设备的更新，"画笔库"的功能也越来越强大，也会有更加简单的操作方法，要留意软件更新的动态，查看官网"Procreate 使用手册"，了解更多功能。

2.4.2 涂抹功能详解

"涂抹"功能可以进行色块渲染、绘制平滑线条、混合色彩，让画面色彩更加和谐统一。

点击"涂抹"按钮，从"画笔库"中选定一个笔刷，接着用手指或笔在颜色上点击或拖曳，就可以渲染画作。

"涂抹"功能会根据不透明度的设置呈现不同的效果，可以通过增加不透明度来强化涂抹效果或降低不透明度以表现较细微的变化。除此之外，还可以通过改变用笔力度实现更多变化。

色块涂抹前后的效果

2.4.3 擦除功能详解

该功能可以擦除错误部分、移除颜色、塑造透明区域并柔化作品。

点击"擦除"按钮，从"画笔库"中选定一个笔刷，接着用手指或笔在颜色上点击或拖曳，以擦除画作选定部分。

"擦除"功能同样也是一个非常重要的画图工具，可以选择笔刷来对作品进行擦除绘制。

色块擦除前后的效果

2.4.4 图层功能详解

图层的功能强大，在创作时可以给创作者更大的发挥空间，让手绘不再像是在纸面上创作那样无法修改。图层的分层绘制使创作更灵活，也更有利于修改作品。

在Procreate绘图功能区点击"图层"按钮，即可打开"图层"面板。

◎ 01(**新建图层**)：在"图层"面板的右上角找到"+"按钮，点击该按钮即可新建一个图层。

◎ 02(**图层缩略图**)：图层缩略图提供了各个图层内容的小预览图。

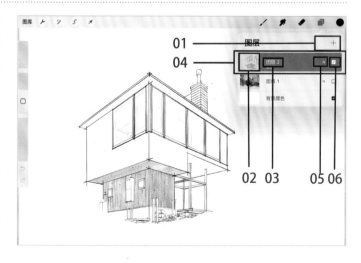

◎ **03（图层名称）**：每个图层的名称均可自定义，当工程文件由数十个图层组成时，自定义命名图层并分组更方便后期的修改、查找与管理。

◎ **04（选定图层）**：画布上的操作会反映在选定的图层上，以蓝色显示的图层为选定的图层。

◎ **05（混合模式）**：图层之间叠加可创造多种视觉效果，可根据需求选用图层混合模式。新建图层时，默认混合模式为"正常"，显示为字母N。

◎ **06（可见图层勾选框）**：图层的最右边有一个小方框，点击即可显示或隐藏该图层。

2.4.5 颜色功能详解

Procreate 为用户提供了简洁易用的颜色功能，使颜色选择更加灵活自如，"色盘""经典""色彩调和""值""调色板"5种颜色模式满足了个性化的使用需求。

1. 当前颜色

图标注"1"的位置，显示选定的颜色。

2. 主要颜色和次要颜色

"颜色"面板右上角有两个颜色块，显示了主要颜色（图标注"2"的位置）及次要颜色（图标注"3"的位置）。次要颜色非常实用，可在"Procreate 使用手册"中了解更多应用次要颜色的方法。

3. 色彩历史

图标注"4"的位置是色彩历史，其中显示最后使用的 10 个颜色。

当创建一个新画布时，色彩历史会呈现空白状态，挑选色彩后，系统将自动增添颜色，直到最近使用的 10 个颜色皆显示完毕；而后新增的颜色将会挤掉最旧的色彩使用记录。

4. 来自图像的调色板

图标注"5"的位置是来自图像的调色板，当前的来自图像的调色板显示于"颜色"面板的下方。在"调色板"界面中可以变更默认的调色板，把绘图常用的调色板设置为默认，以便选取和使用颜色。

5. 色盘

图标注"6"的位置是"色盘"模式，首次点开"颜色"面板将默认打开"色盘"界面。

"色盘"模式中，色盘由外围的色相圈（图标注"7"的位置）与内部的饱和度色环（图标注"8"的位置）组成，可以让我们精准地控制选色。

6. 其他模式

◎ **"经典"模式**：提供传统选色方式，通过业界标准的方格选择器结合色相、饱和度、亮度功能滑键来调节色彩。

◎ **"色彩调和"模式**：根据选定的颜色提供相应协调的建议颜色。

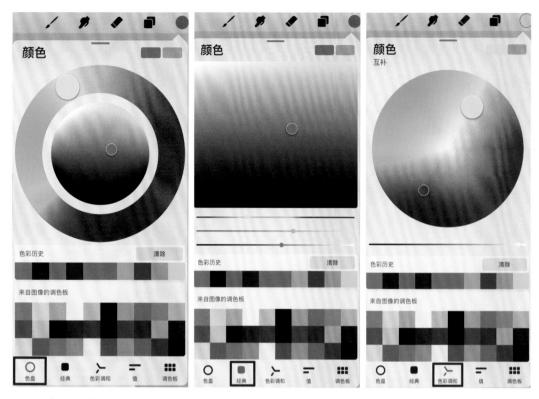

◎ **"值"模式:** 有H、S、B、R、G、B功能滑键,并提供数值调节和十六进制参数,可以精准地找到所需颜色。

◎ **"调色板"模式:** 提供多组色彩的取样捷径,Procreate自带一些标准调色板,也可以导入或自创调色板。当前的默认调色板会显示于上述各模式的"颜色"面板的下方。

利用"颜色"面板下方的各个按钮可以切换各种调节色彩的模式。

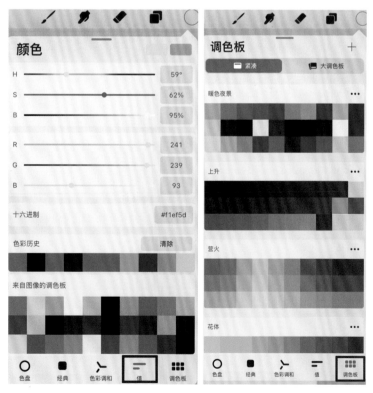

提示

以上便是软件的基本功能介绍,重点围绕本书建筑设计绘图应用的主要功能做了详细的介绍。

2.5 Procreate 上色基本技巧解析

2.5.1 选择正确的工作图层

在图层强大的功能下，我们能叠加绘图而不影响先前的创作；可以移动、编辑、重新上色、删除个别元素等，享受全方位的创作自由。在实际操作中，只有选择正确的工作图层才能绘制出颜色。

点击图层即可选中工作图层，工作图层被选定后，系统默认显示为蓝色，此时所有的绘画动作都会被记录在当前图层中。新增图层时，系统会自动为新图层以递增数字作为默认图层名称，比如图层1、图层2、图层3等，也可以为它们重命名，以便查找和管理。

2.5.2 调整合适的阈值

实际绘制时，还有另外一种情况：选择的工作图层是对的，但激活"选区"功能后，发现整个屏幕还是会变成蓝色。出现这种情况是因为选区的阈值太大，解决的方法是用手指或笔在屏幕上往左边滑动，将阈值调小。

将阈值调小后再激活"选区"功能，在指定的区域用手指或笔点击一下被选中的区域，则会呈现蓝色。后续的上色操作中将深入讲解，这里不再赘述。

调整前：选区的阈值太大　　　　　　　　　　　　调整后：选区的阈值调小

2.5.3 阿尔法锁定

如果不小心关闭了"选区"功能，就不能准确地在指定的区域内上色了。这时可以回到线稿图层，重新激活"选区"功能，并框选指定的区域；也可以点击图层上的内容，在弹出的选项列表中选中"阿尔法锁定"，这样就只能在这个选中区域进行绘图和涂抹，空白部分将不会有绘图和涂抹的痕迹。使用此方法可以将创作的角色锁定，接下来就可以随心所欲地对角色的细节进行绘制、上色而无须担心画出指定范围。

启用"阿尔法锁定"功能　　　　　　　　　　　　"阿尔法锁定"功能启用后的绘制效果

小窍门

也可以在任何图层上用两指由左向右轻滑，即可立即启用/关闭阿尔法锁定。

阿尔法锁定启用时，可以在该图层缩略图的透明部分中看到棋盘格背景。

2.5.4 | 填充图层

平涂填充整个图层时，在图层列表中点击图层，弹出图层选项列表，然后点击"填充图层"，此操作会使用当前颜色填充选定的整个图层。

使用"填充图层"功能填充特定选区时，打开"选区"功能，根据画面需要选择填充区域，在图层列表中点击图层，弹出图层选项列表，然后点击"填充图层"，此操作会用当前颜色填充选定区域。

提示

如果启用"阿尔法锁定"，则在锁定的图层上只针对已选中的区域使用填充图层功能，而不影响其他区域。

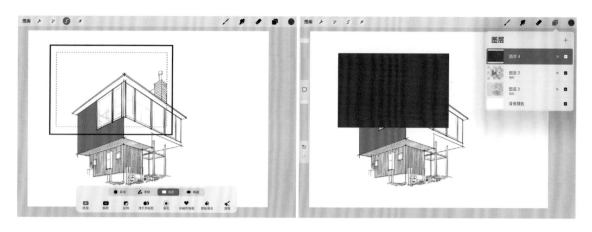

2.5.5 | 蒙版

蒙版即将任一图层的不透明度与父级图层绑定。

蒙版的功能和阿尔法锁定类似，但蒙版锁定的是父级图层的不透明度，而非自身图层的不透明度。

在蒙版上的操作都能在不影响父级图层的状况下变动或移除，而且可以在蒙版上改变父级图层的外观而不对它造成影响。此工具能方便我们试验各种颜色、质地及效果等。

在图层列表中点击图层后弹出图层选项列表，再点击"蒙版"即可使用。

小窍门

如果对蒙版上的操作不满意，则可用快捷手势移除，即在蒙版上用单指向左滑并点击"删除"选项。

2.5.6 | 剪辑蒙版

剪辑蒙版的功能和蒙版类似，但它并不与特定图层绑定，而是以独立的图层存在的。同时，剪辑蒙版可以与任一图层结合，因此能在不同图层间移动剪辑蒙版，或在单个图层上叠加多个剪辑蒙版并创造丰富的效果。

剪辑蒙版适合用来对内容进行非毁灭性的调整，可以自由试验各种颜色、质地及效果等。

在图层列表中点击图层后弹出图层选项列表，再点击"剪辑蒙版"即可使用。

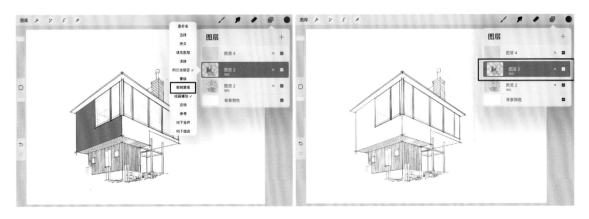

提示

当选定的是图层列表中最底部的图层，则剪辑蒙版功能无法使用。

如果对剪辑蒙版上的操作不满意，则可用快捷手势移除，即在剪辑蒙版上用单指向左滑并点击"删除"选项。

2.5.7 参考

"参考"功能可以将线稿与上色稿分开，启用后能进行颜色快速填充操作，填充颜色时会依照参考图层中的线稿上色。将线稿和上色稿分成不同的图层，可以对两者分别进行独立的操作，如重新上色或调整物件等。

在图层列表中点击图层后弹出图层选项列表，再点击"参考"即可使用。

提示

"参考"功能启用时，该图层名称下会出现"参考"字样。选定另一个图层后，使用颜色快速填充，即会根据参考图层进行上色。

2.5.8 检查线稿是否闭合

选择线稿图层并激活"选区"功能，可以发现整个屏幕还是呈现蓝色的状态，这是因为指定区域的线稿没有闭合。解决的方法是用"凝胶墨水笔"笔刷将线条连接起来，形成一个闭合的区域，然后激活"选区"功能，指定的区域就会变成蓝色。这说明该区域已经被选中，可以开始上色了。

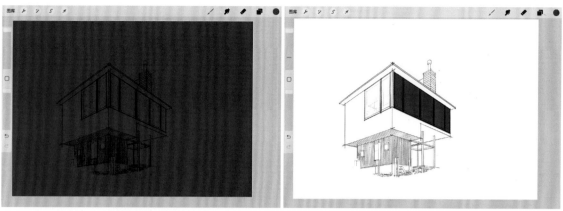

非闭合的线稿　　　　　　　　　　　　　闭合的线稿

— 第 **3** 章 —

iPad 建筑手绘基础知识

本章主要讲解 iPad 建筑手绘基础知识，包括 Procreate 绘图指引、建筑手绘透视解析、建筑手绘构图解析、建筑明暗光影处理手法等内容。只有基础打牢，才能在项目综合表现中发挥无限的创意。

3.1　Procreate 绘图指引

3.1.1　2D 网格功能运用

"2D 网格"适合用于创建平面图形，可以根据网格来辅助绘图，让线条完美对齐。

1. 操作界面

在"操作"菜单中点击"画布"按钮，启用"绘图指引"，再点击"编辑绘图指引"，即可进入"绘图指引"界面。

点击位于界面底部的"2D 网格"按钮，2D 网格会以细线样式显示于作品背景上。

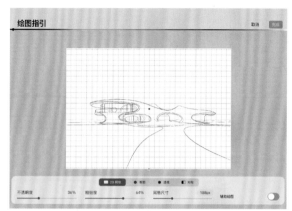

2D 网格设置

2. 移动及旋转

拖曳图中蓝色与绿色两个控制点，可以调整网格的位置。蓝色控制点可用于移动画布上整个网格的位置，绿色控制点可以旋转网格。

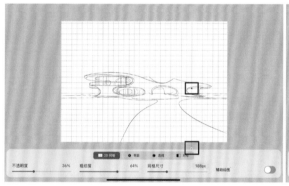

| 旋转前 | 旋转后 |

若想重置网格，点击其中一个控制点并点击"重置"按钮即可。

3. 外观与显示

通过"不透明度""粗细度""网格尺寸"等设置可以变更网格的外观及显示。

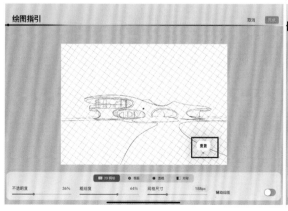
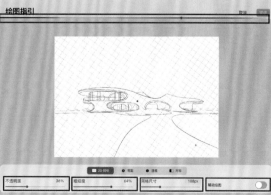

◎ **色相条:** 调整"绘图指引"界面上方的色相条,可以改变网格的颜色。

◎ **不透明度:** 从透明至不透明,由此能调整线条的不透明度。

◎ **粗细度:** 从不可见至明显,由此能调整线条的粗细。

◎ **网格尺寸:** 用于调整网格尺寸的大小。

◎ **辅助绘图:** 可以让绘制的线条按照设置的网格贴合对齐。

4. 取消或执行

◎ **取消:** 如果不想保存任何设置并返回画布,则可以点击右上角的"取消"按钮。

◎ **执行:** 如果需要执行变更设置,则点击右上角的"完成"按钮即可。

3.1.2 等距功能运用

"等距"功能可以协助创作者为作品创造3D效果,非常适合用于工程、建筑及其他技术制图中。

1. 操作界面

在"操作"菜单中点击"画布"按钮,启用"绘图指引",再点击"编辑绘图指引",即可进入"绘图指引"界面。

点击位于界面底部的"等距"按钮,网格参考线的样式发生了变化。

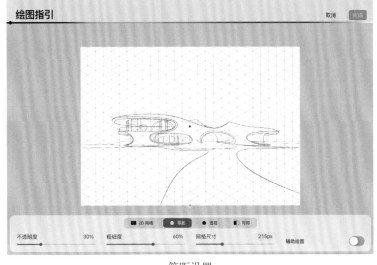

等距设置

2. 移动及旋转

拖曳两个控制点可调整网格的位置。蓝色控制点可用于移动画布上整个网格的位置,绿色控制点可以旋转网格。

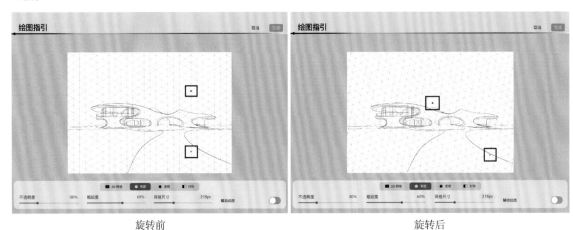

旋转前　　　　　　　　　　　旋转后

若想重置网格,点击其中一个控制点并点击"重置"按钮即可。

3. 外观与显示

通过"不透明度""粗细度""网格尺寸"等可以变更网格的外观及显示。

◎ **色相条:** 调整 "绘图指引" 界面上方的色相条,可以改变网格的颜色。

◎ **不透明度:** 从透明至不透明,由此能调整线条的不透明度。

◎ **粗细度:** 从不可见至明显,由此能调整线条的粗细。

◎ **网格尺寸:** 用于调整网格尺寸的大小。

◎ **辅助绘图:** 可以让绘制的线条依照设置的网格贴合对齐。

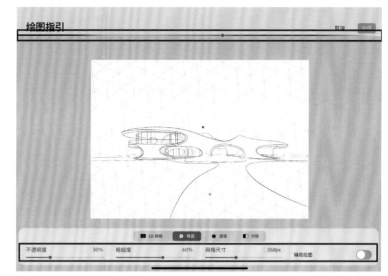

4. 取消或执行

◎ **取消:** 如果不想保存任何设置并返回画布,则可以点击右上角的 "取消" 按钮。

◎ **执行:** 如果需要执行变更设置,则点击右上角的 "完成" 按钮即可。

3.1.3　透视功能运用

Procreate这款软件自带强大的透视辅助功能,设计师可以根据绘画需要开启一点、两点或三点透视辅助功能,开启后能沿着透视辅助线绘制出非常准确的透视图。

1. 操作界面

在 "操作" 菜单中点击 "画布" 按钮,启用 "绘图指引",再点击 "编辑绘图指引",即可进入 "绘图指引" 界面。点击位于界面底部的 "透视" 按钮,即可进入透视界面。

2. 创建消失点

进入透视界面后,只需在画面任意位置点击,即可创建消失点,按住消失点并移动手指,可调整消失点的位置。注意在设置消失点的时候要考虑整体图纸的尺寸、视平线的安排等。此外,当画面透视有消失点需安排在离画布较远处时,可用两指先缩小画布,再创建消失点。

若想删除消失点,只需点击该消失点并点击 "删除" 选项即可。

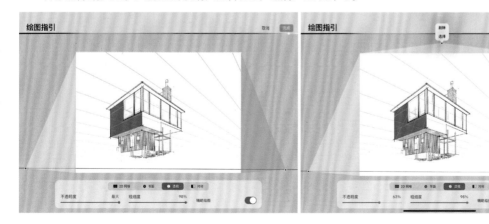

3. 外观与显示

添加消失点后，可以根据绘图需要使用底部的滑块调整网格线的"不透明度""粗细"，通过上方的色相条调整辅助线的颜色，一般情况下辅助线的颜色与背景颜色不一致，方便绘图时辨认。

4. 取消或执行

◎ 取消：如果不想保存任何设置并返回画布，则可以点击右上角的"取消"按钮。

◎ 执行：如果需要执行变更设置，则点击右上角的"完成"按钮即可。

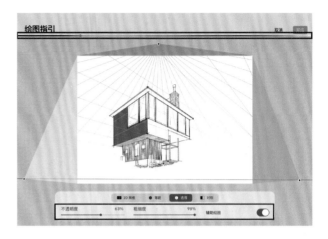

3.2 建筑手绘透视解析

透视是透视绘画法的核心理论，透视对任何一位学习美术及设计的人来说都是必不可少的基础知识。无论是建筑设计、室内设计、风景园林设计、规划设计，还是业余爱好设计，都必须掌握绘制正确的空间透视的方法。

透视中的常用术语

◎ **视点**：观察者眼睛看出去的位置。

◎ **视平线**：与观察者眼睛平行的水平线。

◎ **视域**：眼睛所能看到的空间范围。

◎ **站点**：观察者所站的位置，与视点在一条垂直线上。

◎ **消失点**：与画面纸边不平行的线最终相交在视平线上的点，也称"灭点"。

◎ **画面**：观察者用来表现物体的媒介面，一般垂直于地面、平行于观察者。

◎ **基面**：放置景物的水平面，一般指地面。

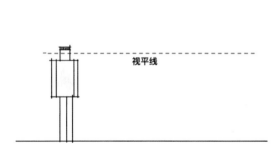

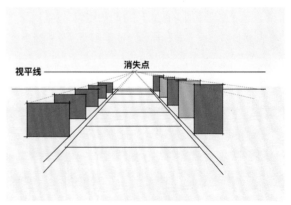

常用透视类型中物体与画面的关系：以一个正方体为例，一点透视中，正方体的一个面与观察者和画面是平行关系，所以一点透视也称平行透视；两点透视中，正方体的一个角与观察者和画面相对，且正方体的面没有与观察者或画面形成平行关系，两点透视也称成角透视；正方体在满足两点透视条件的基础上，在纵向上画面与物体形成非平行的倾斜关系，使画面出现往上（仰视）或往下（俯视）的第三个消失点，这种出现3个消失点的画面被称为三点透视。

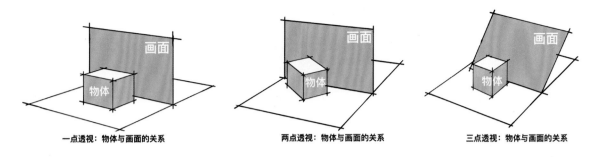

一点透视：物体与画面的关系　　两点透视：物体与画面的关系　　三点透视：物体与画面的关系

因透视产生的视觉空间规律

近大远小，离视点越近的物体越大，反之则越小。

近实远虚，离视点越近的物体越清楚，反之则越模糊。

由透视产生的消失点在视平线上，并且在一幅画面中，视平线只有一条。

3.2.1 一点透视原理解析

一点透视表现范围广，纵深感强，可用于表现横向场面宽阔的空间，或者面窄而进深感强的空间，绘制相对容易。

特点分析

绘制透视图时，实际的物体或空间中，垂直于地面的线依然保持垂直，水平线依然保持水平，而图上往纵深空间延伸的平行线则由于透视关系最终交于一点（消失点），且落在视平线上。

一点透视常用于表达长形的区域范围，唯一的消失点使画面空间进深感更加强烈。

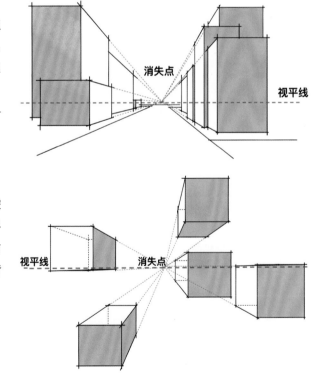

具体画法

朝向画者正视角的面不发生形变，其他往空间延伸的面的结构线都消失于一个消失点。水平的红色虚线为视平线，其他的红色虚线为端点与消失点连接时隐藏的延长线；黑色虚线为物体的背面结构线。

练习建议

一点透视比较容易把握，在训练的过程中，笔者建议先将一点透视原理理解透彻，再尝试将空间透视转换成一个个完整的方盒子。先解决画面空间大透视关系，再刻画细节，这样才能将该空间的透视关系把握准确。

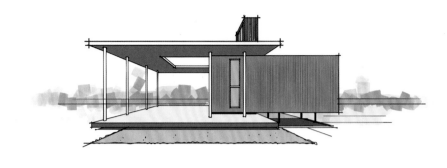

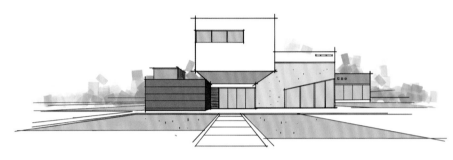

一点透视的空间体块练习

3.2.2 两点透视原理解析

两点透视的解析，以立方体为例，不从正面看，旋转一个角度去观察，这时除了垂直于地面的那一组平行线仍保持垂直，其他两组线条分别消失于画面左右两侧，因而产生两个消失点，这两个消失点必须在一条视平线上。

两点透视常用于跨度较大的区域，是使用最频繁的建筑效果图视角。

具体画法

竖线保持竖直，由竖线的两个端点向消失点延伸的结构线延长，均交于左右消失点。

两点透视效果图

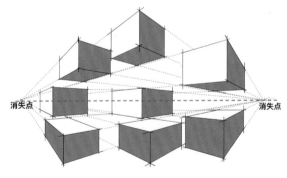

两点透视画法

3.2.3 三点透视原理解析

三点透视多用于高层建筑仰视图和鸟瞰图，也非常适合表现大场景的规划效果，能表现出建筑雄伟气势的最优角度，其夸张的透视效果能更好地体现超高层的俯视视角。但三点透视表现得过于夸张，会使建筑比例失真。

具体画法

确定消失点后，向消失点延伸并取适宜的长度。比如在体块空间中，所有画面的结构线均相交于某一个消失点，不存在平行的线条组。

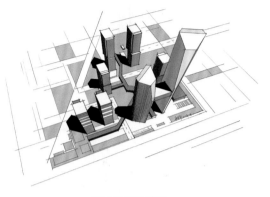

三点透视效果图

三点透视画法

3.2.4 | 圆形透视

在建筑中，圆形透视也很常见，如圆形的拱门、圆柱、餐桌等，可以用方正的田字形来确定圆的透视效果。当圆形物体正对画面时，为不变形的圆形；当圆形物体与画面不平行时，因透视关系而变成椭圆形。竖向的圆形截面距离视平线越近，其形越窄，反之越宽。

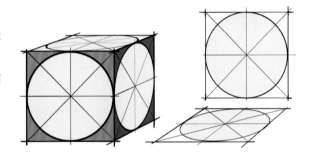

3.3 建筑手绘构图解析

3.3.1 | 构图概述

构图是一幅作品给观者的第一印象。具体来说，构图就是对画面的组织和安排，即画者把看到的物象经过筛选、概括后，将其在画面中和谐统一地表现出来，这是绘图时必须具备的基本技法。构图时，笔者建议从以下几点来考虑。

◎ **第1点：** 根据对象形态及主题要求选择横向还是竖向构图。

◎ **第2点：** 在单画幅的画面构图中，图幅大小要适中，注意上下左右的空间。

◎ **第3点：** 在非特殊构图的情况下，画面构图不要太过对称，主体物可放在画面黄金分割的位置，在变化中找平衡。

◎ **第4点：** 注意景物前后的穿插关系，让画面更丰富、完美。

3.3.2 | 视觉中心点

视觉中心点是一幅画面的精彩部分，是观者的第一视觉聚焦点，也是创作者的重点表现部分。在构图时，笔者建议把画面的视觉中心点从画面的中心位置下移或横移，这样可以建立更有动态感的构图。移动视觉中心位置，变静态为动态，也可获得更有趣的空间分布。

用不同的方式调配画面中的景物形态，可以得到不同的效果。

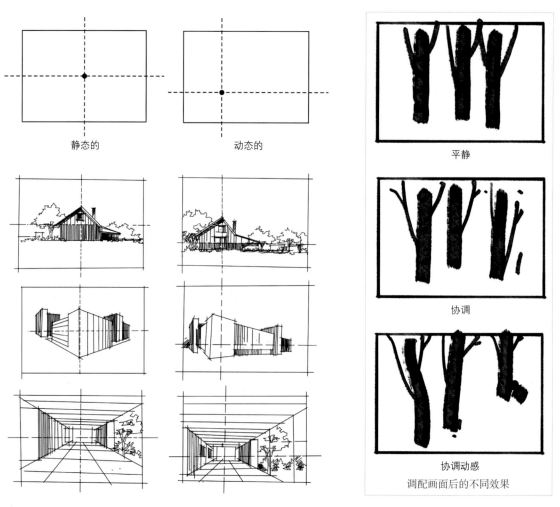

静态的 　　　　　　　 动态的

平静

协调

协调动感

调配画面后的不同效果

3.3.3 天际线和地沿线的变化

◎ **天际线：** 画面与天空分离的一条边沿线，通常与林冠线重叠，此线要错落有致，构图才会更具韵律感。

◎ **地沿线：** 画面与地面分离的一条边沿线，此线有高低变化，构图才会更具视觉美感。

3.3.4 常用的构图方式

三角形构图

三角形构图适合表达一些高大或独栋、体量相对较大、较稳重的建筑，由于三角形具有极强的稳定性，所以画面感很稳定。

环形构图

环形构图也称C形构图，这种构图拥有曲线美，画面趋向稳定的同时又有动感，适合表达一些圆形的广场、路线、湖面、滨水等空间。

三角形构图　　　　　　　　　　　　　　　　　　　　　环形构图

S 形构图

S形构图可以充分表现曲线的韵律美，使画面具有动感，适合表达一些曲折迂回的道路或较幽深的空间。

非对称性构图

非对称性构图可以在对称性实景中使用，以免对称的画面显得呆板。在绘图的过程中，可以增加一些配景来打破画面呆板的感觉。

S形构图

非对称性构图

单一性构图

单一性构图指的是写生或创作的主体建筑周边不存在其他的硬质或软质物体，现实中常常表现为单一性的地面和天空作为主体建筑的环境及背景。这时需要对主体建筑主要面或入口前方的空间做适当留宽，才能使画面布局显得不压抑。此外，左右两边的空白处可以添加挂角的植物，使画面空间更丰富，打破单一的画面构图。

单一性构图添加挂角植物

🏛 3.3.5 ┃ 画面内容的组成

通常一幅画由3个空间构成：近景、中景、远景。

◎ **近景**：也称前景，离画者最近，通常结构相对较清晰，单个物体的形体较大，但一般不是重点塑造的对象。

◎ **中景**：主体物一般都属于中景，是画面的重点塑造对象，结构、形态清晰，细节刻画生动。

近景　　　　　　　　　　　　　　　　中景

◎ **远景**：一般多为远处的山、树、楼房剪影等，形态较自由，起到拉开空间层次感和完善构图的作用。

拼合后的最终完成图见右下图，要注意图中内容的大小。

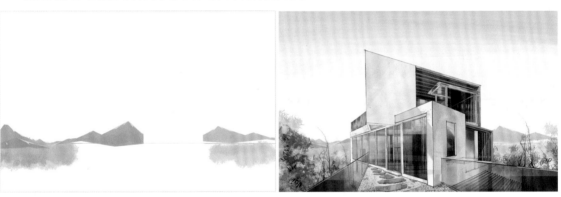

远景　　　　　　　　　　　　　　最终完成图

3.4 ┃ 建筑明暗光影处理手法

光线与明暗是创造画面效果的重要部分，也是绘画表现的一个重要方面。明暗的产生来自光线和物体结构的变化，不同的光线角度和不同的结构都会带来不同的明暗效果。光线赋予物体明暗，而我们通过画面的明暗来表现空间、体积、结构等。

🏛 3.4.1 ┃ 三面五调

物体（空间）在光的照射下，会产生明暗调子变化，其规律可归纳为"三面五调"。

◎ **三面**：受光的面叫亮面，侧受光的面叫灰面，背光的面叫暗面。

◎ **五调**：亮调子、暗灰调子（包括暗调子和灰调子）、反光（暗面由于环境的影响而产生）、明暗交界线（灰面与暗面交界的地方，它既不受光源的照射，又不受反光的影响，因此挤出了最暗的部分）、投影。

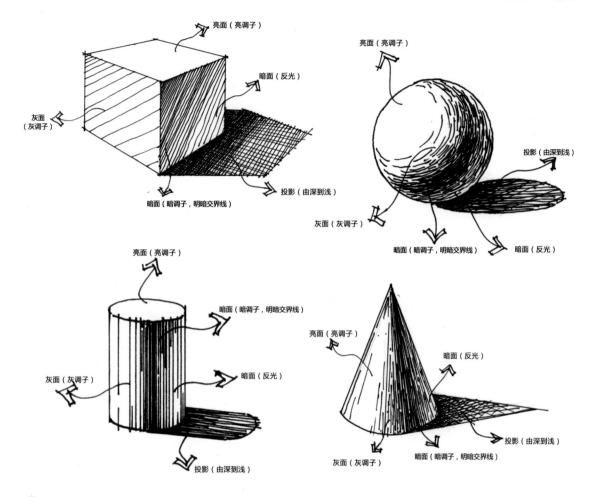

3.4.2 | 光影角度

　　光线与建筑（空间）所成角度一般有4种情况，分别是左上方光源、前上方光源、右上方光源及后上方光源（逆光）。其中左上方光源、前上方光源、右上方光源较常用；后上方光源（逆光）会导致画面大面积处于暗部，没有理想的光影变化来表现立体感和细部结构（如出沿、线脚、挑台等凹凸），所以一般不使用。

　　如果采用正后光的效果表达，要注意加强反光效果，要显得透气，大面积的阴影要淡，投影要深。

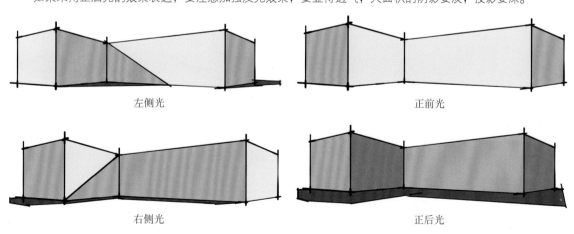

光影也可以侧面反映建筑物的高、低、凹、凸等结构。

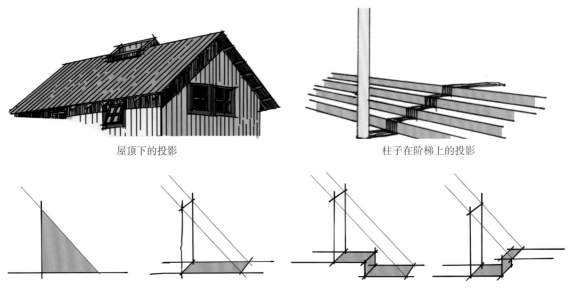

屋顶下的投影　　　　　　　　　　　　　柱子在阶梯上的投影

地面高差变化投影

3.4.3 | 光影画法

◎ **光影刻画步骤：**以方盒子（不透明）为例，在两点透视的环境中，方盒子底面着地，按照以下步骤确定光源位置和投影位置。

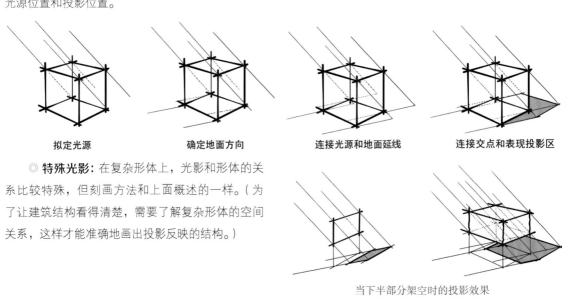

拟定光源　　　　　确定地面方向　　　连接光源和地面延线　　连接交点和表现投影区

◎ **特殊光影：**在复杂形体上，光影和形体的关系比较特殊，但刻画方法和上面概述的一样。（为了让建筑结构看得清楚，需要了解复杂形体的空间关系，这样才能准确地画出投影反映的结构。）

当下半部分架空时的投影效果

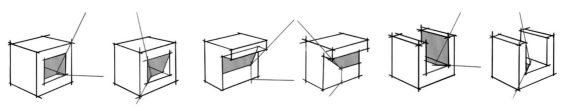

常用特殊体块切割光影

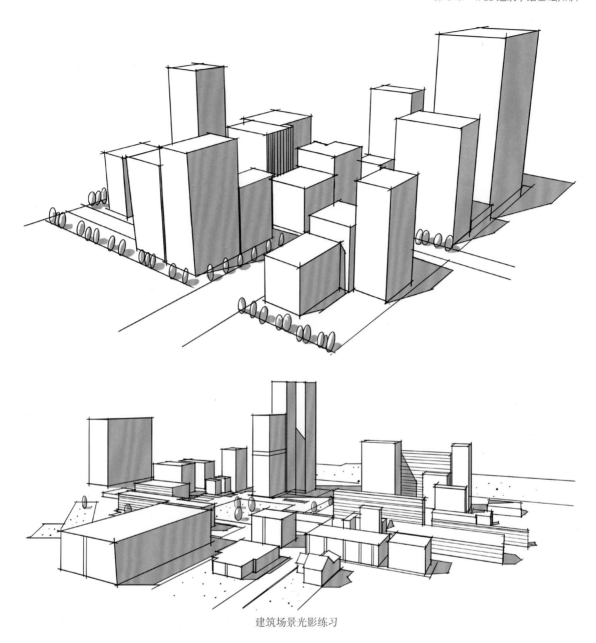

建筑场景光影练习

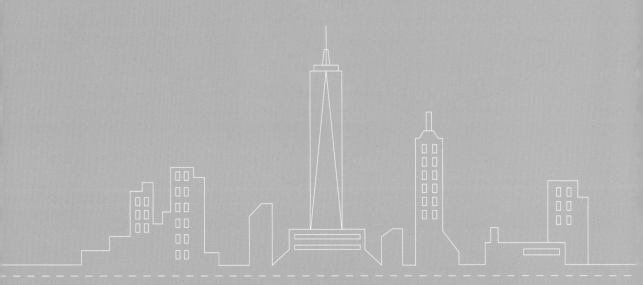

— 第 **4** 章 —

建筑配景画法

任何一个建筑或空间，都是不能脱离环境而孤立存在的，所以在一幅完整的画面中，除了主体物，还应该有各种配景的存在，它们起到补充、协调和丰富画面的作用。配景主要有植物、山石、天空、水体、人物、汽车等。

4.1 植物配景

植物是室外空间表达中最常见的配景之一，就像是空间的外衣，可见其重要性。当然，植物配景也相对较难表现。从高、中、矮3个空间层次上来看，可以分为乔木（高）、灌木（中）、草地（矮）。

4.1.1 乔木类植物线稿表达

乔木的结构主要分为树冠、树枝、树干三部分。

树冠部分可看作一个球体，受光照影响，分为亮部和暗部，表达时要有立体感、层次感和蓬松感。

①确定树形，注意树干与树冠的比例，乔木分枝处建议在1/2处。

②注意树形的均衡，树冠的外轮廓造型要自然，树枝分杈合理（疏密协调、前后自然）。

③完善树冠与树枝的明暗关系，加强对比与立体感。

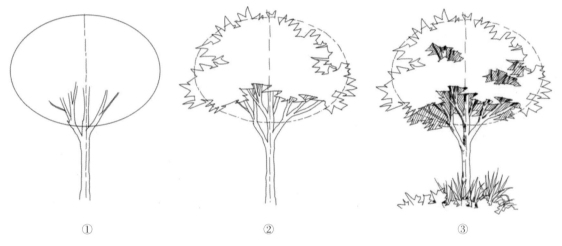

①　　　　　　　　　　②　　　　　　　　　　③

还可叠加多个圆，增加树冠的层次感。

树枝在分杈时避免对称，要做到随意、自然，且有前后左右的穿插关系。分杈的原则：越往上越密，越往上越开，越往上越细（画下面的树枝时可用双线，画上面的树枝时可用单线）。

在表现树干时，要注意树干与树冠的大小比例关系，做到上细下粗，以及与树叶之间的穿插关系。

在表现树枝、树干的明暗时，要用小弧线并顺着它们的凹凸起伏来画。

树干底部与地面交接的地方，一般可采用草等低矮的植物或石头等收边，不宜直接外露。

4.1.2 | 乔木植物的综合训练

◇ **使用的笔刷**

01 新建图层，使用"植物28"笔刷刻画乔木的灰部。

02 新建图层，使用"植物28"笔刷刻画乔木的暗部。

03 新建图层，使用"植物28"笔刷刻画乔木的亮部。

04 新建图层，使用"6B铅笔"笔刷刻画乔木的树干。

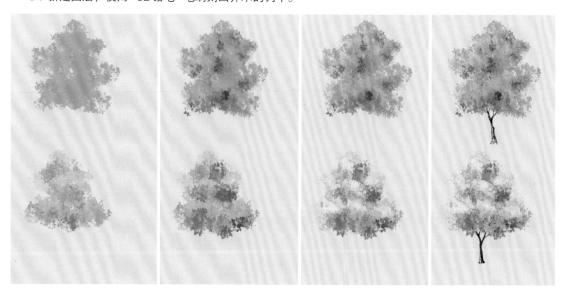

提示

刻画时注意图层的分层与分组管理，以便于后期修改。

4.1.3 灌木植物线稿表达

灌木的植株相对矮小，没有明显的主干，一般可分为观花、观叶、观茎等类型，是矮小而丛生的木本植物。单株的灌木表现与乔木相似，只是没有明显的主干，要注意疏密虚实的变化，抓大关系的分块处理，切勿琐碎。

灌木的线稿表现

4.1.4 灌木植物的综合训练

01 新建图层，使用"植物"系列笔刷刻画灌木的灰部。

02 新建图层，使用"植物"系列笔刷刻画灌木的暗部。

03 新建图层，使用"植物"系列笔刷刻画灌木的亮部。

04 新建图层，使用"6B 铅笔"笔刷刻画灌木的树干。

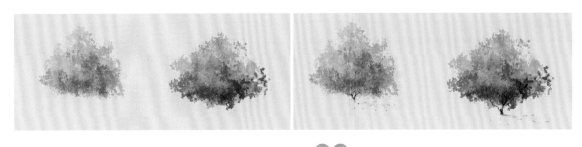

05 添加投影，调整画面细节。

提示

刻画时注意图层的分层与分组管理，以便于后期修改。

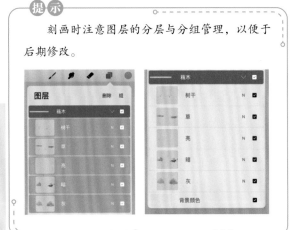

4.1.5 草地植被的线稿表达

这类植物的外形相对几何化，所以在处理时要注意避免过于呆板，外轮廓线可以用自由的折线或波浪线。此外，注意阵列的植物要近实远虚，前后交界处的明暗关系要明确。

草贴着地面长，并顺着地形变化，一般很矮很短，所以可以用小短线表达。也有少数长得稍长的草，可用双线表达，注意前后穿插关系及层次。

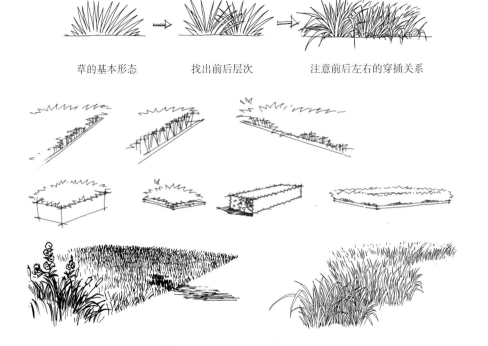

草的基本形态　　　　找出前后层次　　　　注意前后左右的穿插关系

4.1.6 ｜ 草地植被的综合训练

01 新建图层，使用"植物"系列笔刷刻画草地植被的灰部。

02 新建图层，使用"植物"系列笔刷刻画草地植被的暗部。

03 新建图层，使用"植物"系列笔刷刻画草地植被的亮部。

04 丰富画面，调整细节。

4.2 山石配景

4.2.1 ｜ 山石配景的线稿表达

◇ **使用的笔刷**

石头也是很重要的配景元素。画石头时要注意石分三面，即在表达石头的立体感时，从 3 个面来塑造。画石头用线要干脆，使其显得硬朗。

4.2.2 山石配景的综合训练

1. 案例一

◇ **使用的笔刷**

技术笔　　　　　平画笔　　　　　尼科滚动

01 新建图层，使用"技术笔"笔刷刻画石头线稿，注意线条的流畅度。

02 新建图层，使用"平画笔"笔刷为石头铺设底色，先铺浅色。

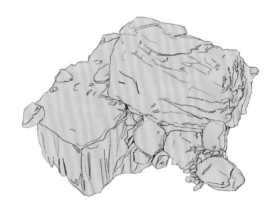

03 确认好亮暗面，降低颜色的饱和度，根据石头的结构画出暗部颜色，注意明暗交界线的变化。

04 增加暗部细节和灰面，让石头更立体。

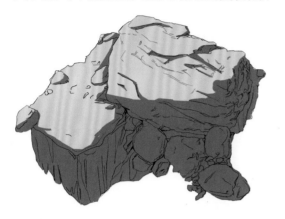

05 使用"尼科滚动"笔刷增加石头粗糙的质感，同时让面与面之间的过渡更自然。

06 调整画面，丰富细节，降低线稿的不透明度。

2. 案例二

◇ 使用的笔刷

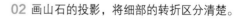

01 使用"6B铅笔"笔刷起稿，画出山石的大致形态，可简单区分受光面与背光面。

02 画山石的投影，将细部的转折区分清楚。

03 给整个物体铺浅灰色。可以先使用"工作室笔"笔刷重新描一遍外轮廓，再用"平画笔"笔刷填充颜色。

04 区分明暗面，也是先用"工作室笔"笔刷画出外形，再用"平画笔"笔刷填充颜色。

05 给草坪铺上浅绿色，注意不要画出界。

06 使用"平画笔"笔刷丰富石头暗部细节。

07 使用"平画笔"笔刷继续丰富石头暗部细节。

08 使用"平画笔"笔刷画草坪细节，加入重笔触与浅笔触。

09 使用"技术笔"笔刷画草坪细节，加入一些小草的笔触。

10 调整画面，用"技术笔"笔刷点上小高光，用"平画笔"笔刷处理物体周边的环境。

4.3　天空配景

在建筑空间手绘表现图中，天空占据很大的比例，可谓是重中之重。天空塑造的主旨是更好地衬托出建筑主体，起着丰富构图和增强对比的作用。

4.3.1　平涂天空画法

◇ **使用的笔刷**

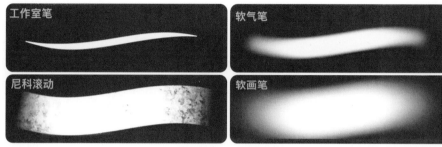

01 用"工作室笔"笔刷平涂不同色块。　　02 做高斯模糊处理后，使用"软气笔"笔刷添加前景的山和树的剪影。

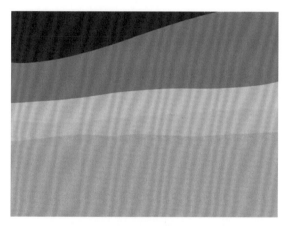

03 用"尼科滚动"笔刷增加天空的颗粒感与变化效果。　　04 新建图层，使用"软画笔"笔刷确定天空中云层的大概形状。

05 用"软气笔"笔刷加强云层颜色和天空背景颜色的对比。

06 用"工作室笔"笔刷细化云层形状,增强云朵的流动感。

4.3.2 云层画法

1. 案例一

◇ **使用的笔刷**

01 用"技术笔"笔刷起形,粗略定出云朵的形状。

02 用蓝色铺满整个画面。

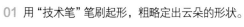

03 用"平画笔"笔刷添加浅蓝色,注意过渡要自然顺畅。

04 选择黄色平涂地面。

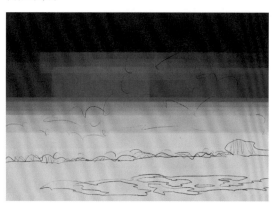

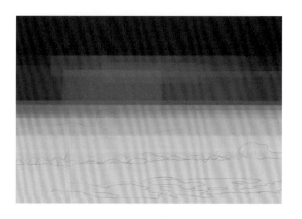

05 在地面处用"平画笔"笔刷添加重笔触和浅笔触。

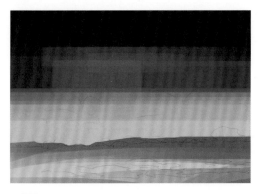

06 找出湖面的位置,并填充蓝色,表达出湖水。

07 加重与提亮蓝色湖面。

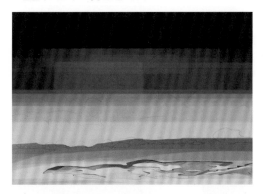

08 远景的植物使用"植物28"笔刷绘制。

09 加重与提亮远景植物。

10 添加一些人物作为点缀。

11 用"锯齿状画笔"笔刷绘制云朵。

12 为云朵添加暗面笔触。

13 为云朵添加提亮笔触。

14 调整画面，丰富细节。

2. 案例二

◇ **使用的笔刷**

01 使用"工作室笔"笔刷平涂不同色块。

02 做高斯模糊处理后，用"软气笔"笔刷让画面过渡更自然。

03 确定云层的方向，用"尼科滚动"笔刷刻画背景云层。

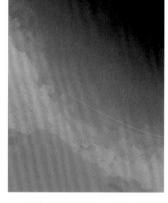

04 用同样的方法刻画前景的云层。

05 用稍重一点的颜色增强云层的立体感。

06 调整画面，用"硬画笔"笔刷画几只鸟，点缀画面。

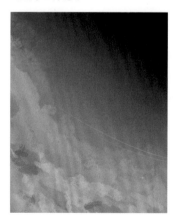

4.4　水体配景

　　水体配景设计中，水的处理手法有平静的、流动的、跌落的和喷涌的4种。平静的一般包括湖泊、水池、水塘等；流动的包括溪流、水坡、水道等；跌落的有瀑布、水帘、跌水、水墙等；喷涌的有喷泉、涌泉等。

　　上色通常分为"动态"与"静态"的表达，喷泉、跌水等动态水景应该刻画动感效果；平静的水面进行平涂和叠加，做出倒影的感觉即可。

4.4.1　场景中动态水体表达

◇　**使用的笔刷**

01 用"尼科滚动"笔刷绘制不同颜色来区分画面中的物体，使用涂抹方式起大致的形体。

02 用"软画笔"和"硬画笔"笔刷进一步明确场景的形态。

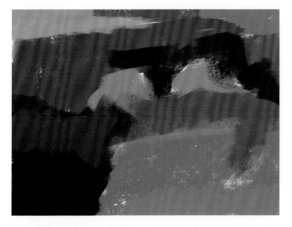 

03 用涂抹工具结合"软气笔"笔刷增强水面的质感。

04 用"工作室笔"笔刷刻画靠前的草丛细节。

05 用"尼科滚动"笔刷刻画拱桥和水面的细节与质感。

06 用"工作室笔"笔刷增强水的流动感与反光感，细化水面的倒影与波纹。

4.4.2 | 场景中静态水面表达

◇ **使用的笔刷**

01 用"工作室笔"笔刷起形及确认整体画面的构图。

02 使用"尼科滚动"笔刷画出画面的固有色，注意用大笔触去画。

03 用"工作室笔"笔刷勾勒画面中的草丛细节，再用"尼科滚动"笔刷塑造天空细节。

04 对画面下半部分做高斯模糊处理，用"工作室笔""软气笔"笔刷在下半部分做出水波纹理。

05 用"工作室笔"笔刷以亮色强化水波反光感。

06 在上半部分的草丛图层上新建图层并建立剪辑蒙版，用"软画笔"笔刷轻抹，做出草丛背光环境色。新建图层，用同样的方法画出湖面亮光色。

4.4.3 ┃ 水景与山石的综合训练

◇ **使用的笔刷**

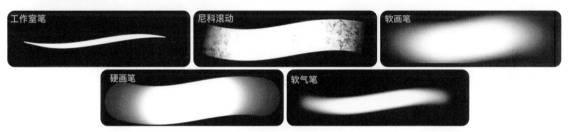

01 用"工作室笔"笔刷确定画面大结构。

02 用"尼科滚动"笔刷画出画面的固有色。

03 利用"软画笔""硬画笔"笔刷结合涂抹工具减少画面留白。

04 完善画面周围物体的造型，修整物体的形体。　　05 用"软气笔"笔刷结合涂抹工具增强水流动的感觉，与周围石头的质感做区分。

4.5　人物配景

4.5.1　人物配景的线稿表达

无论是在室内还是在室外的空间表达中，人物都是起到点缀和活跃气氛的作用，可以让空间更加生动、自然、真实。人物在画面中还有一个很实质的作用：直观地反映画面（空间）的比例和尺度感。

人物可以被概括为头、身、腿3个部分，简要作图步骤如下。

1.　单个人物绘制方法

01 定好头部的位置，区分头发与脸部的关系。

02 刻画上半身，注意人物的动态比例、衣服褶皱。

03 绘制下半身，可以把腿画长一点。

04 调整画面，丰富细节，整个人体比例尽量是8头身或9头身。

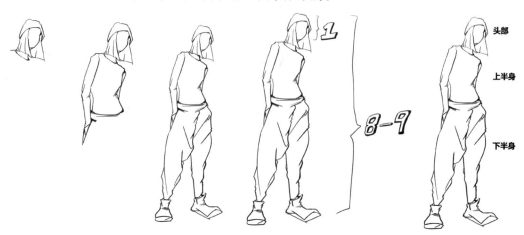

2. 组合人物绘制方法 1

01 定好头部的位置，区分头发与脸部的关系。

02 刻画上半身，注意人物的动态比例、衣服褶皱。

03 绘制下半身，可以把腿画长一点。

04 参考第一个人，继续画组合里的另外一个人。

05 注意两个人之间的关系，如谁比较高、谁比较低。

06 组合里两人的基本型已表现出来，及时检查画面是否有需要修改的地方。

07 调整画面，丰富细节。

提 示

头部不同方位的简单处理方法。

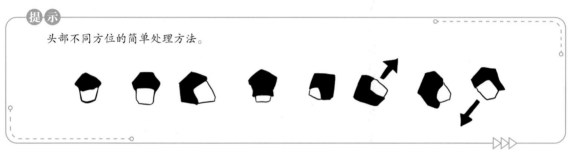

3. 组合人物绘制方法 2

画人物的时候可以从上往下画，从头部到上半身再到腿部。

01 定好头部的位置，区分头发与脸部的关系。

02 刻画上半身，注意人物的动态比例、衣服褶皱。

03 绘制下半身，可以把腿画长一点。调整画面，丰富细节，整个人体比例尽量是8头身或9头身。

4. 组合人物绘制方法 3

表达人群时，比如广场或空旷场地上的众多人物，可以将所有人（小孩除外）的头都画在同一条线上，即视平线上，根据位置远近确定人的比例及高矮，这样就能营造出众多人物的热闹场景，且不会显得杂乱无章。注意近处的人物要适当刻画穿着及动态。

01 确定好视平线，将人的头都画在一条线上。

02 补充更多的人物组合，尽量是三五成群的状态。

03 添加人物投影，注意投影不要太长。

04 调整画面，丰富周边环境。

　　右侧是远景人物的绘制练习。练习各种人物的动态表达，不同的画面配合不同的动态人物，可以深入地丰富画面效果。

4.5.2 人物配景的综合训练

　　添加人物就像是给环境加上一些生活细节，给画面注入一股活力，增强空间的尺度感，这也有助于增强感染力，让人有身临其境的感觉。人物的动态和着装能进一步说明空间的功能性，上色时应该注意人物的色彩统一性，前景人物上色要强调服饰上的颜色变化，远景的人物象征性地平涂即可。

01 先用服饰的固有色平铺一遍，注意要根据光影关系和皱褶关系简单交代深浅部分。

02 用灰色继续强化光影关系，增加衣服的细节。

03 调整画面，丰富细节，增强画面立体感。

4.6 汽车配景

4.6.1 汽车配景的线稿表达

交通工具在画面中的作用和人物一样，能为画面增添生活的气息，同样也能直观地体现空间的比例关系。

1. 汽车配景立体效果绘制

01 绘制车辆的外轮廓，注意整体的比例关系。

02 进一步绘制车窗、车头等细节，注意车轮与车子的关系。

03 刻画细节，添加投影，强调转折。

2. 汽车平立面图绘制

01 绘制车辆的外轮廓，注意整体的比例关系。

02 进一步绘制车窗、车头等细节，注意车轮与车子的关系。

03 刻画细节，添加投影，强调汽车的特征。

4.6.2 | 汽车配景的综合训练

汽车配景能增强画面气氛和作为比例参照，但汽车在画面中的面积小，所以着色时要简要概括。上色时，要注意体现汽车的通透感和光感。

01 汽车在画面中因所占面积不大，作为配景，所以不做深入的细节刻画。

02 用汽车的固有色平铺车身，注意表现光影关系，可将受光面留白或用较浅的颜色上色。

03 继续细化轮子和车窗的颜色，同样注意光影关系和车窗的反光留白。

04 深入刻画，加强明暗对比度，同时用高光笔加上玻璃的反光效果。

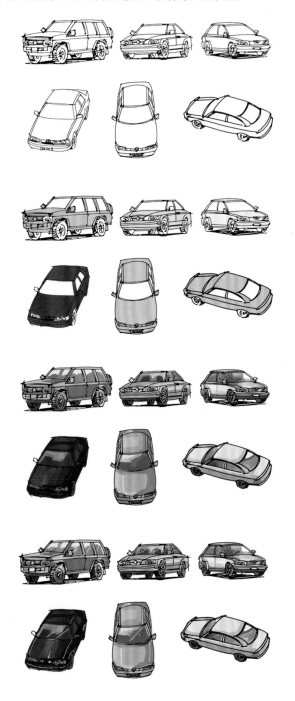

一 第 5 章 一

材质绘制与表现

· · · · · · · · · · ·

  材质在建筑表现里非常重要，所以本章主要讲解清水混凝土、石材、砖墙、木纹、玻璃、镜面等质感的画法，以此来表现不同材质的视觉效果。

  建筑装饰材料除了对建筑物表面（如墙面、柱面、地面及顶棚）起装饰作用并满足人们的审美需求，还能保护建筑物主体结构和改善建筑物的使用功能。不同的材质有不同的肌理、颜色和工艺结构，并且在光的作用下也会出现不同的质感，凸显不一样的效果，比如石材在光的作用下可以产生反射、光晕的效果等。因此在笔刷的使用上，应考虑材质特性和受光产生的效果。

5.1　清水混凝土质感画法

清水混凝土又称装饰混凝土，由于其极具装饰效果，因此成为受建筑师青睐的一种建筑材料。建造时一次浇筑成型，不做任何外装饰，直接采用现浇混凝土的自然表面效果作为饰面。因此，不同于普通混凝土，清水混凝土色泽均匀，棱角分明，外观天然、庄重、内敛、平和。

5.1.1　常见清水混凝土质感画法

清水混凝土是混凝土材料中非常高级的，它表现的是一种本质的美感，朴实无华、自然沉稳，与生俱来的厚重与清雅是一些现代建筑材料无法效仿和媲美的。

◇　**使用的笔刷**

01 绘制矩形色块，并将图层设置为"阿尔法锁定"。

02 在矩形色块的基础上使用"尼科滚动"笔刷涂抹纹理质感。注意笔刷用力轻重的变化，轻轻涂抹即可凸显纹理效果，若用力过大则会导致笔触严实而无纹理变化。

5.1.2　木纹清水混凝土质感画法

木纹清水混凝土相对带有一些柔软、质朴的气息。

木纹清水混凝土采用木纹清水大模板工艺和优质的清水混凝土浇筑成型。不同木纹板由不同的拼缝工艺制作成型，具有较强的艺术感和装饰感。

◇　**使用的笔刷**

01 使用上面制作的常见清水混凝土材质作为底图。

02 使用"沐风木纹11"笔刷涂抹出木纹纹路质感。

03 使用"墨水渗流"笔刷强调纹理的明暗变化，强化表面的凹凸感。

5.2　石材质感画法

5.2.1　石材绘制解析

外墙石材的种类繁多，颜色变化丰富，应用领域广泛，本节不针对具体石材种类做画法细分，只从外观样式、颗粒大小等角度进行讲解。石材也是建筑中常用的外立面材料，尤其常用于各类中高档公共建筑。天然石材中常用于室外墙面的是花岗岩，其性质坚硬、强度高、耐久性及耐磨性良好。人造石材主要有人造大理石、水磨石、文化石等，它们以天然石材为原料，经过加工而成，基本保持了自然石材的外观特征。画的时候要注意表现石材的厚重感。

5.2.2　石材绘制练习

◇　**使用的笔刷**

01 使用"黑猩猩粉笔"笔刷涂抹底色，注意深色、浅色交替涂抹，绘制出石材表面的颗粒感。

02 使用"尼科滚动"笔刷对石材纹理进行涂抹，注意深、浅颜色交替涂抹。

03 使用"尼科滚动"笔刷尝试对颜色进行调整，用深灰色打底，用黄灰色加强亮部，涂抹出石材纹理质感。

  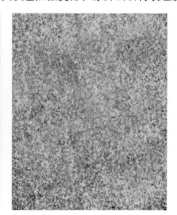

还可以使用其他颗粒笔刷或蜡笔笔刷涂抹出更多的纹理变化。

01 使用"尼科滚动"笔刷并放大笔触，轻扫表面，绘制出表面纹理。

02 使用"尼科滚动"笔刷涂抹底色，使用"黑猩猩粉笔"笔刷涂抹出颗粒感。

03 使用"尼科滚动"笔刷涂抹底色，使用"艺术蜡笔"笔刷涂抹出颗粒感。

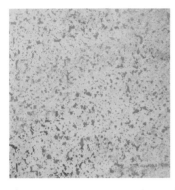  

质感表现完成后，可以通过网格线进行区分，强化纹理和质感的变化。

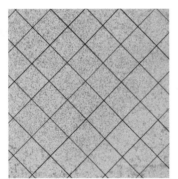 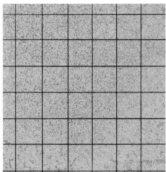 

在右图实景效果图案例中，表现石材质感运用了不同的笔刷，并绘制了不同的颗粒纹理，用线条分割缝来强化质感。

5.3　砖墙质感画法

相对其他建筑材料，砖的造价相对低廉，制造工艺有着悠久的历史，在传统建筑中是常用的建筑材料。砖的质感粗糙，砖缝凹凸感明显，常见的砖分为暖色和冷色。在笔刷的使用上要注意留白和砖缝的深浅表现。在画砖墙质感的过程中要多注意砖块的接缝，但是一般情况下直接用合适的贴图贴上去即可。

◇ **使用的笔刷**

01 使用"尼科滚动"笔刷涂抹底色，颜色要有深浅变化。

02 使用"地砖"笔刷画砖缝纹理。

03 使用同样的方法绘制其他颜色的砖墙。

 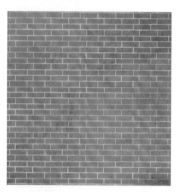

简单的表面纹理可以用适合的笔刷进行绘制，较为复杂的造型和纹理可以使用贴图素材来表现。

红砖质感在实景效果图案例中的运用如右下图所示。其中，红砖或其他颜色的砖墙材质可以使用笔刷或贴图来实现，有拼花或特殊样式的纹理需要选择贴图拼贴来实现，然后根据实际光影效果用笔刷增加砖墙的明暗变化与立体感。

5.4　木纹质感画法

木材质也是常见的建筑材料，常见的木材质有纹理清晰的和表面光滑的，纹理清晰的质感比较粗糙，表面光滑的可以绘制高光来表现。

◇ **使用的笔刷**

01 使用"尼科滚动"笔刷涂抹底色，颜色要有深浅变化。

02 使用"沐风木纹14"笔刷涂抹木纹理，这是室内装饰木饰面常用的画法。

03 使用"沐风木纹11"笔刷涂抹木板纹理。

不同纹理质感可以用不同的处理方法，室内外空间根据木饰面的质感变化使用不同的绘制方法。

木纹质感在实景效果图中的运用如右下图所示。

不同纹理质感　　　　　　　　　　　　　实景效果图

木纹质感比较容易表现效果，木纹颜色可以根据实际效果灵活变化，线条纹理可以根据实际比例改变线宽和间距大小。

5.5　玻璃质感画法

玻璃材质的处理对于初学者来说是难点，因为很多玻璃都是比较通透的，如果一开始没有用对颜色就会越画越显闷。用马克笔表现玻璃质感时需要快速运笔，反射感强的玻璃还会有倒影，这时就要注意深浅关系。有些玻璃是透明的，那么就应该把画面透到室内，把室内的空间及物体做概括处理。

5.5.1 透光玻璃质感画法

◇ 使用的笔刷

01 在背景墙面上绘制矩形，使用"平画笔1"笔刷涂抹室内光线，概括地涂抹色块即可，无须深入绘制室内环境。

02 创建新图层，使用"平画笔1"笔刷绘制窗框与窗洞深度。

03 创建新图层，使用"植物28"笔刷涂抹出反光质感。

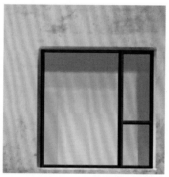

透光玻璃绘制完成，此方法适合画日光氛围下的透光玻璃。

5.5.2 透光玻璃质感贴图使用方法

◇ 使用的笔刷

01 建立窗洞背景，以便于素材的编辑操作。

02 创建新图层，用"平画笔1"笔刷绘制窗框。根据室内氛围的需要，裁切室内局部内容作为窗洞背景。

03 创建新图层，使用"植物28"笔刷涂抹出反光质感。

应用涂抹功能较弱的人可以使用贴图来代替，根据室内不同的氛围选择适合的贴图，这样能够快速做出透光玻璃质感。

5.5.3 长虹玻璃画法

长虹玻璃是朦胧设计美学的代表，是一种压花玻璃，它的标志性图案造型是竖条纹，同时具有透光不透视的特性。

下面以玻璃橱窗为例，讲解长虹玻璃的画法。

◇ **使用的笔刷**

01 导入参考素材，裁去部分区域。

02 对保留部分的图层进行模糊处理，根据透光与虚化程度调整高斯模糊的参数。

03 使用"沐风木纹11"笔刷绘制竖线，涂抹时根据光线变化来选择深色或浅色，笔刷大小要根据所需比例调整。

04 裁去多余的虚化边缘和多余的线条，完成长虹玻璃质感的绘制。

长虹玻璃的雾面不透视效果可以让玻璃后面的家具、植物、装饰等物品形成一种朦胧的美感，再搭配灯光，可以营造出温馨、浪漫、时尚的空间氛围。

长虹玻璃可以作为隔断屏风、门、柜门，所以在厨房、书房、客厅、阳台等空间都可以见到它的身影。同时它具有极高的协调适配性，因此被广泛应用到简约、北欧、日式等风格设计中。

5.5.4 | 磨砂玻璃画法

◇ **使用的笔刷**

01 以超白玻璃为例，对比磨砂与高透玻璃质感的区别。

02 选中需要做磨砂效果的区域，使用"高斯模糊"功能对其进行模糊处理。

03 为了增强质感，使用"沐风木纹11"笔刷涂抹出磨砂长虹玻璃质感。

04 擦除边界，用勾线笔刷强化玻璃边缘和质感，完成磨砂长虹玻璃的绘制。

◼ 日景与夜景玻璃画法对比

日光氛围下的玻璃透光度较低，以反射天空色彩与环境轮廓为主，光影关系明显。

夜景环境下，玻璃透光度较强或完全透光，玻璃会因室内光线强度不同而产生不同的变化。

5.6 镜面质感画法

镜面质感，顾名思义就是像镜子一样，其反射性很强。在画图表现镜面质感的时候，通常会将对面的环境复制一份到镜面上。注意，室外镜面靠上的地方可以反射天空的面积多一点，镜面靠下的地方可以画重一点，接着为镜面加一些高光和反光。

◇ **使用的笔刷**

01 在环境背景图上绘制建筑基本体块，并区分明暗面。

02 裁切背景图片区域，作为镜面反射的画面内容。

03 使用变换变形工具将裁切的图片拼贴到建筑基本体块的立面上。

04 绘制建筑基本体块的投影，增强立体感，然后将投影图层的混合模式设置为"正片叠底"。

05 使用"喷溅涂抹笔刷"笔刷涂抹建筑的光线效果，强化光感，增强贴图的明暗对比，然后将图层混合模式设置为"添加"。

06 调整细节，镜面质感绘制完成。

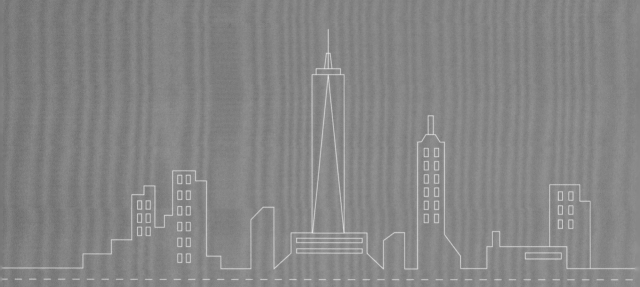

—第**6**章—

建筑空间综合表现

• • • • • • • • • • •

　　本章将会以现代居住建筑、办公建筑、商业建筑、公共建筑、文化建筑等常见建筑类型作为绘制案例，从线稿到成图逐步进行分析和讲解。大家能够从中学会处理不同类型、结构、材质的建筑空间，理解万物皆为"方盒子"的概念，解决画面散乱没有整体性等问题。

6.1 现代居住建筑绘制技法

学习要点

● 曲线建筑线稿的画法。　　● 颜色涂抹的方法。　　● 植物刻画及环境处理的方法。

◇ **使用的笔刷**

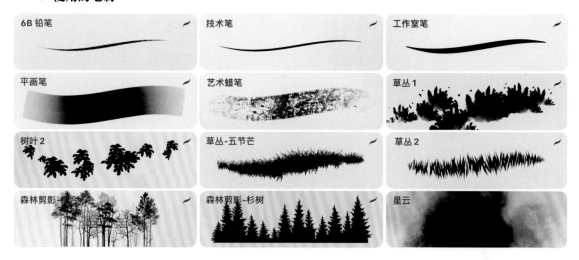

6.1.1 建筑线稿绘制

01 建立画布，为保障画面有较高的清晰度，设置宽度为5790px，高度为4200px。

02 新建草图图层，用"6B铅笔"笔刷绘制建筑草图。

03 点击草图图层的字母N，将草图图层的"不透明度"调至39%。新建线稿图层，同时设置"2D网格"辅助来进行垂直线和水平线的绘制，在该图层上使用系统自带的"技术笔"笔刷绘制建筑的正稿。

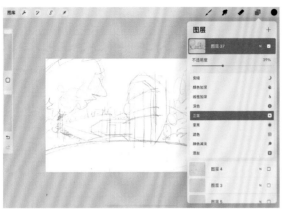

04 继续新建图层，绘制植物与环境的线稿，对环境部分无须细致刻画，交代层次关系与比例关系即可。

提示

在线稿阶段要注意分层绘制。绘制线稿时，各个元素的前后关系不同，应将各个元素单独新建图层并进行绘制。

05 线稿绘制完成后，为了方便上色与观察，需把草图图层关闭或删除。

06 为了方便图层的使用与管理，需对图层进行重命名与分组。点击图层缩略图，在弹出的选项栏中选择"重命名"，为图层更改名称。依次对图层进行单指右滑操作，选择"组"并重命名，即可完成线稿成组操作。

6.1.2 建筑结构上色

01 新建图层，使用系统自带的"工作室笔"笔刷为建筑亮部平铺底色。平铺底色时注意不要超出建筑亮部的边界，如果是线稿封闭的区域可在线稿图层直接填充颜色。

02 平铺底色后，新建图层并点击图层缩略图，在弹出的选项栏中选择"剪辑蒙版"，然后使用"平画笔"笔刷为建筑亮部刻画明暗及颜色变化细节。

03 新建图层，使用"工作室笔"笔刷为建筑暗部上底色，选择底色时注意要与亮部颜色形成对比。平铺底色时注意不要超出建筑暗部的边界，如果是线稿封闭的区域可在线稿图层直接填充颜色。

04 继续新建图层并点击图层缩略图，选择"剪辑蒙版"，然后使用"平画笔""艺术蜡笔"笔刷为建筑暗部刻画明暗变化及灯光细节。

05 新建图层，使用"工作室笔"笔刷为建筑玻璃上底色，再新建图层并点击图层缩略图，选择"剪辑蒙版"，然后使用"平画笔"笔刷为建筑玻璃刻画明暗细节。

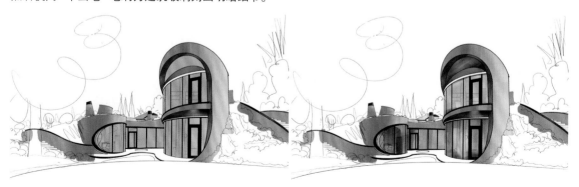

提示

图层建立的上下关系决定了画面表现的前后遮挡关系，如玻璃图层位于建筑窗户框架后面，因此玻璃图层应建立在建筑窗户框架图层的下方。其他图层的位置也应根据画面前后遮挡关系来建立。

06 新建图层，使用"工作室笔"笔刷为建筑窗帘上底色，再新建图层并点击图层缩略图，选择"剪辑蒙版"，然后使用"平画笔"笔刷为建筑窗帘刻画细节。

07 新建图层，使用"工作室笔"笔刷为建筑室内的物体上底色，再新建图层并点击图层缩略图，选择"剪辑蒙版"，然后使用"平画笔"笔刷为建筑室内的物体刻画细节。

08 新建图层，使用"平画笔"笔刷为建筑玻璃刻画反光细节。

09 继续新建图层，使用"工作室笔""平画笔"笔刷为建筑周边的楼梯、地板与小水池等填充底色并刻画细节，完成主体建筑亮部的刻画。

6.1.3 建筑环境上色

01 新建图层，使用"草丛1"笔刷为草地部分上色。刻画草地亮暗部时，先选择较深的颜色刻画暗部，再选择饱和度与明度较高的颜色叠加刻画亮部。

> **提示**
>
> 　　刻画植物时需注意，通过调节笔刷大小、笔刷不透明度、颜色饱和度等来营造前后空间关系。在空间处理上，可遵循前景、中景到远景的顺序，并且笔刷逐渐变小、笔刷不透明度逐渐降低、颜色饱和度逐渐降低。

02 新建图层，使用"树叶2"笔刷为乔木部分上色。刻画乔木亮暗部时，先选择较深的颜色刻画暗部，再选择饱和度和明度较高的颜色叠加刻画亮部。注意刻画前后乔木时适当调节笔刷的大小，前后乔木要遵循"近大远小"原则。适当绘制草地部分的暗部。

03 新建图层，使用
"6B铅笔"笔刷为乔木树干
部分上色。刻画乔木树干
时，先选择较深的颜色刻画
暗部，再选择明度较高的颜
色叠加刻画亮部。

04 新建图层，使用
"草丛-五节芒""草丛2"
笔刷为草地部分刻画细节。

05 新建图层，使用
"森林剪影-组合""森林剪
影-杉树"笔刷刻画远景植
物。注意远景林冠线的高低
变化及疏密组合变化。

06 新建图层，使用"工作室笔"笔刷为石头上底色，再新建图层并点击图层缩略图，选择"剪辑蒙版"，然后使用"平画笔""艺术蜡笔"笔刷为石头刻画细节。

07 新建图层，使用"工作室笔"笔刷为水池上底色。

08 新建图层，使用"星云"笔刷为天空上色，绘制时注意画笔大小的调节。

09 将绘制的画面导出为JPEG格式的图片，再重新导入工作界面中。将图片放置于水池底色图层的上层，使用变换变形工具的"垂直翻转"功能翻转图片，并选择"等比"将图片往下压缩，使其高度为原图的1/2左右。点击图层缩略图，选择"剪辑蒙版"，再对图层的不透明度进行细微调整，即可在水池区域得到建筑的倒影效果。

10 将线稿图层的环境部分隐藏，并对其他部分线稿的不透明度进行细微调整，完成绘制。

提示

　　刻画的过程中除了要注意图层的上下关系，由于图层繁多，还要注意图层的命名与分组，方便后期对图层的修改与管理。本节的图层命名与分组管理参考右图。

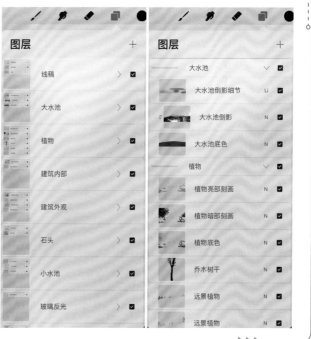

6.2 现代办公建筑绘制技法

学习要点

● 亮色调建筑的画法。　　　　● 统一色调的画法。　　　　● 竹子类植物的画法。

◇ **使用的笔刷**

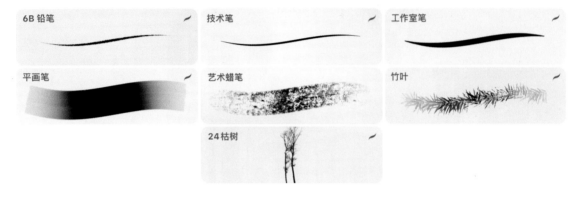

6B 铅笔　　　　　技术笔　　　　　工作室笔

平画笔　　　　　艺术蜡笔　　　　　竹叶

24 枯树

6.2.1 建筑线稿绘制

01 建立画布，为保障画面有较高的清晰度，设置宽度为5790px，高度为4200px。

02 新建草图图层，选择"6B 铅笔"笔刷绘制建筑草图。

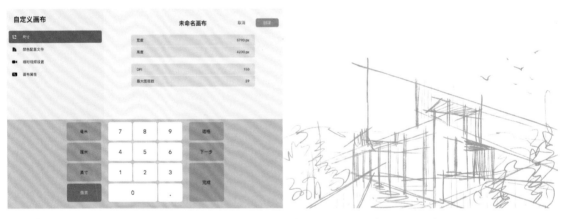

03 点击草图图层的字母N，将草图图层的"不透明度"调至22%。该案例为两点透视图，需设置"透视"辅助，方便空间透视的准确绘制。

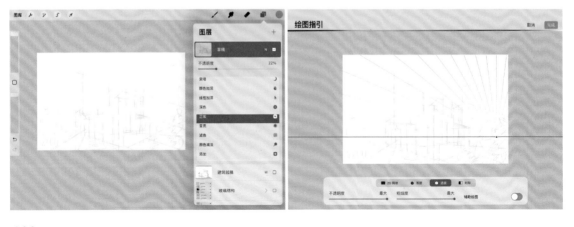

04 继续新建图层，用"技术笔"笔刷绘制建筑部分的线稿。

> **提示**
>
> 在绘制线稿时，各个元素的前后关系不同，应将各个元素单独新建图层进行绘制。分层绘制的好处是方便后期修改或局部调整线稿的颜色。

05 线稿绘制完成后，为了方便上色与观察，需把草图图层关闭或删除。

06 为了方便图层的使用与管理，需对图层进行重命名与分组。点击图层缩略图，选择"重命名"，更改图层的名称。依次对图层进行单指右滑操作，选择"组"并重命名，即可完成线稿成组操作。

6.2.2 | 建筑结构上色

01 新建图层，使用"工作室笔"笔刷为建筑一层暗部上底色，再新建图层并点击图层缩略图，选择"剪辑蒙版"，然后使用"平画笔""艺术蜡笔"笔刷为建筑一层暗部刻画细节。绘制时注意颜色的变化，笔触要干净利落，以保持建筑的通透性。

 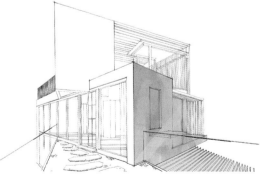

02 新建图层，使用"工作室笔"笔刷为建筑二层暗部上底色，再新建图层并点击图层缩略图，选择"剪辑蒙版"，然后使用"平画笔""艺术蜡笔"笔刷为建筑二层暗部刻画细节。

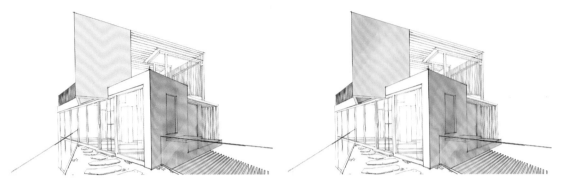

03 新建图层，使用"工作室笔"笔刷为建筑亮面上底色，再新建图层并点击图层缩略图，选择"剪辑蒙版"，然后使用"平画笔""艺术蜡笔"笔刷为建筑亮面刻画细节。

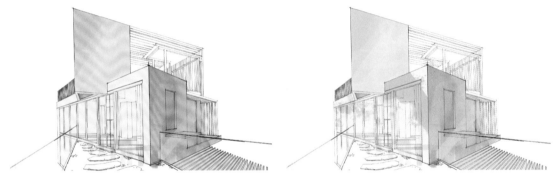

04 新建图层，使用"工作室笔"笔刷为建筑一层地面上底色，再新建图层并点击图层缩略图，选择"剪辑蒙版"，然后使用"平画笔"笔刷为建筑一层地面刻画细节。

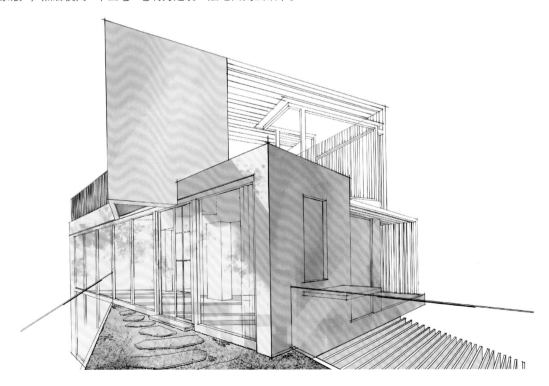

05 新建图层，使用"工作室笔"笔刷为建筑木结构上底色，再新建图层并点击图层缩略图，选择"剪辑蒙版"，然后使用"平画笔"笔刷为建筑木结构刻画细节。

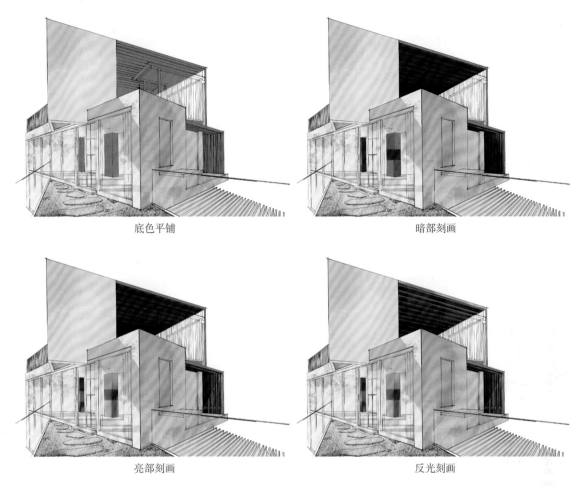

底色平铺　　　　　　　　　　　　　　　　　暗部刻画

亮部刻画　　　　　　　　　　　　　　　　　反光刻画

06 新建图层，使用"工作室笔"笔刷为二层建筑后立面木结构上底色，再新建图层并点击图层缩略图，选择"剪辑蒙版"，然后使用"平画笔"笔刷为二层建筑后立面木结构刻画细节。

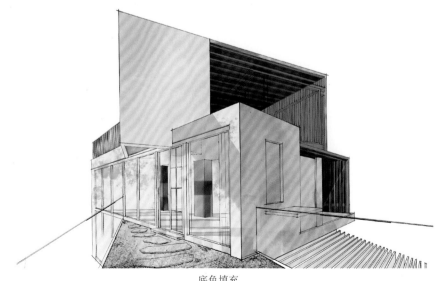

底色填充

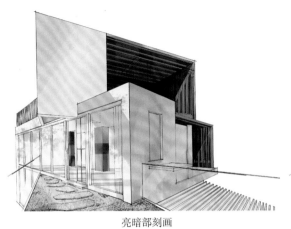

亮暗部刻画

反光刻画

07 新建图层，使用"工作室笔"笔刷为建筑玻璃上底色，再新建图层并点击图层缩略图，选择"剪辑蒙版"，然后使用"平画笔"笔刷为建筑玻璃刻画细节并为二层暗部添加细节。

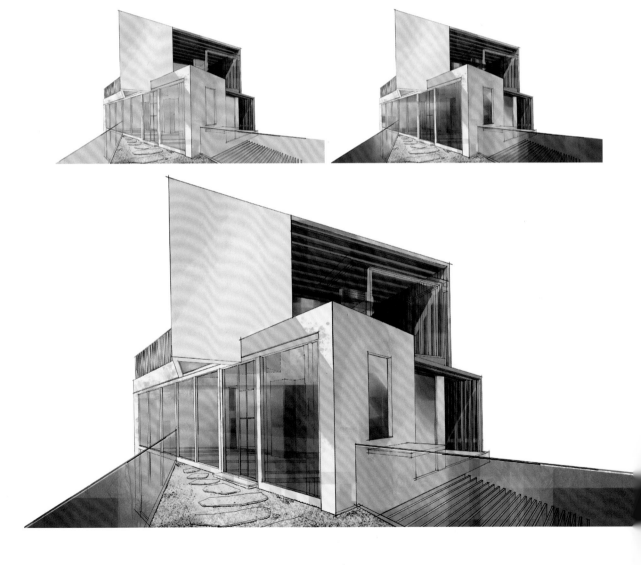

08 新建图层，使用"工作室笔"笔刷为建筑二层顶部上底色后，新建图层，为二层建筑玻璃上底色，再新建图层并点击图层缩略图，选择"剪辑蒙版"，然后使用"平画笔"笔刷为建筑二层玻璃刻画细节。

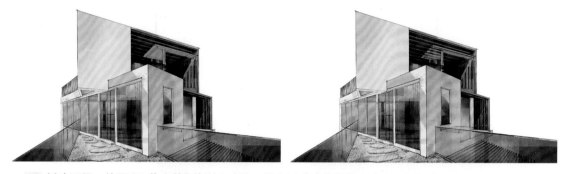

09 新建图层，使用"工作室笔"笔刷为建筑二层靠近玻璃的结构上底色，再新建图层并点击图层缩略图，选择"剪辑蒙版"，然后使用"平画笔"笔刷为建筑二层靠近玻璃的结构刻画细节。

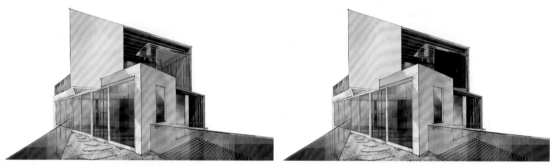

底色平铺　　　　　　　　　　　　　　　　暗部刻画

亮部刻画

10 新建图层，使用"工作室笔"笔刷为建筑二层边框结构上底色，再新建图层并点击图层缩略图，选择"剪辑蒙版"，然后使用"平画笔"笔刷为建筑二层边框结构刻画细节。

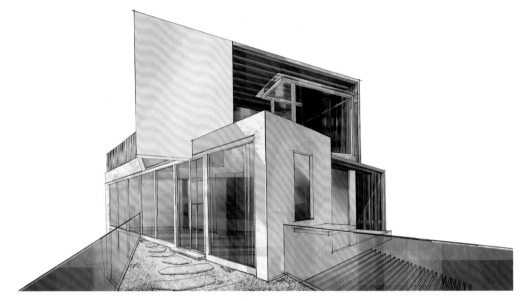

11 新建图层，使用"工作室笔"笔刷为石头上底色，再新建图层并点击图层缩略图，选择"剪辑蒙版"，然后使用"平画笔"笔刷为石头刻画细节。

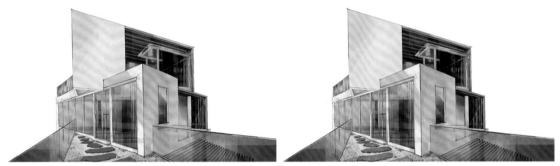

底色平铺　　　　　　　　　　　　　　　　　　暗部刻画

亮部刻画

6.2.3 | 建筑环境上色

01 新建图层，使用"竹叶"笔刷并调整其不透明度，为前景植物部分刻画层次。

02 新建图层，使用"竹叶"笔刷为前景植物刻画暗部细节。

03 新建图层，使用"24枯树"笔刷为前景植物增加层次。

04 新建图层，使用"平画笔"笔刷为远山部分刻画细节。

05 新建图层，使用"平画笔"笔刷刻画天空。对部分线稿的不透明度进行细微调整，完成绘制。

> **提 示**
>
> 本节的图层命名与分组管理参考如下。

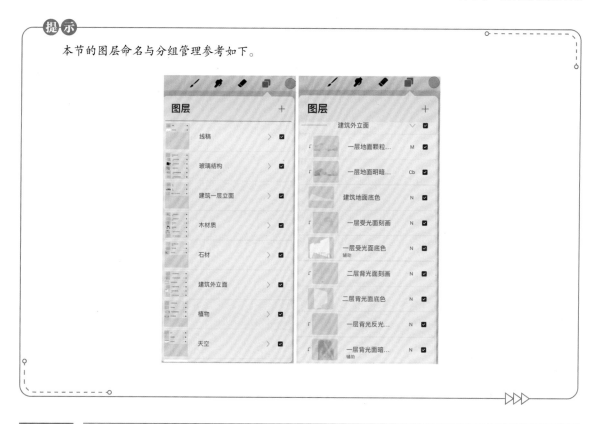

6.3　现代商业建筑绘制技法

学习要点

- 单体深色调建筑的画法。
- 石头材质的画法。
- 乔木层次的画法。

◇ **使用的笔刷**

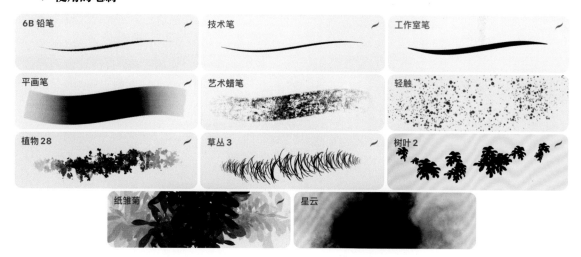

6.3.1　建筑线稿绘制

01 建立画布，为保障画面有较高的清晰度，设置宽度为5790px，高度为4200px。

02 新建草图图层，选择"6B铅笔"笔刷绘制建筑草图。

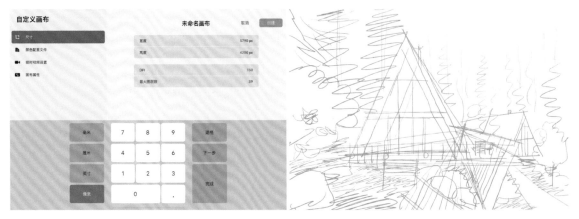

03 降低草图图层的不透明度并新建线稿图层，同时设置"透视"辅助，方便线条的准确绘制，然后用黑色"技术笔"笔刷进行建筑部分的线稿绘制。

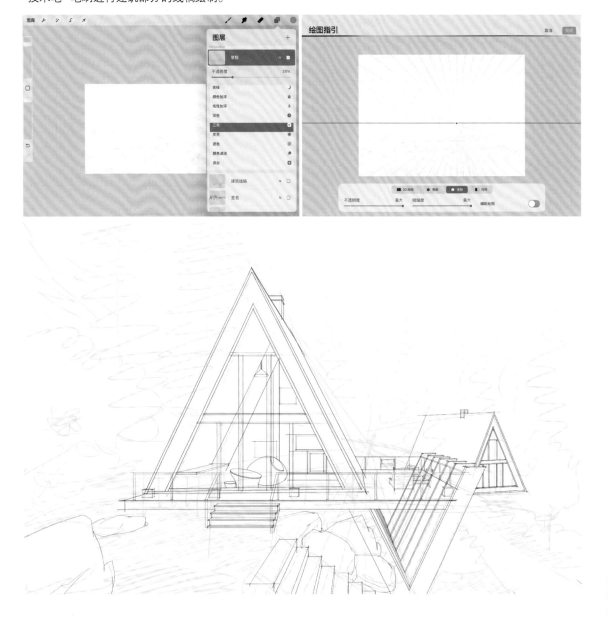

04 继续新建图层，进行植物与环境部分的线稿绘制。

05 线稿绘制完成后，为了方便上色与观察，需把草图图层关闭或删除。

06 为了方便图层的使用与管理，需对图层进行重命名与分组。点击图层缩略图，选择"重命名"，更改图层的名称。依次对图层进行单指右滑操作，选择"组"并重命名，即可完成线稿成组操作。

6.3.2 | 建筑结构上色

01 新建图层，使用"工作室笔"笔刷为建筑立面厚度及木构架上底色，再新建图层并点击图层缩略图，选择"剪辑蒙版"，然后使用"平画笔"笔刷为建筑立面厚度及木构架刻画细节。

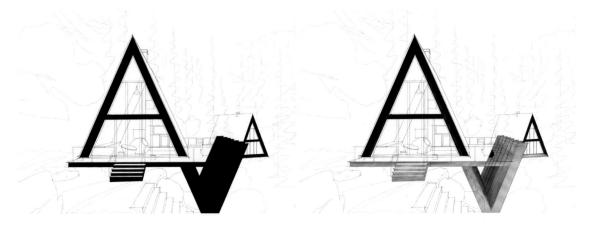

02 新建图层，使用"工作室笔"笔刷为建筑楼梯与屋顶亮面上底色，再新建图层并点击图层缩略图，选择"剪辑蒙版"，然后使用"平画笔""艺术蜡笔"笔刷为建筑楼梯与屋顶亮面刻画细节。

03 新建图层，使用"工作室笔"笔刷为建筑钢结构与楼梯立面上底色，再新建图层并点击图层缩略图，选择"剪辑蒙版"，然后使用"平画笔""艺术蜡笔"笔刷为建筑钢结构与楼梯立面刻画细节。

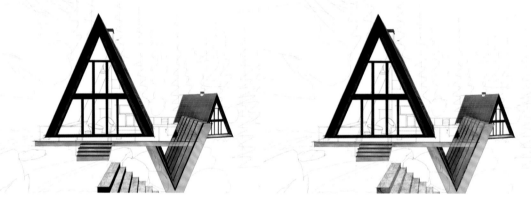

04 新建图层，使用"工作室笔"笔刷为建筑平台上底色，再新建图层并点击图层缩略图，选择"剪辑蒙版"，然后使用"平画笔"笔刷为建筑平台刻画细节。

05 新建图层，使用"工作室笔"笔刷为平台上的沙发上底色，再新建图层并点击图层缩略图，选择"剪辑蒙版"，然后使用"平画笔"笔刷为平台上的沙发刻画细节。

06 新建图层，使用"工作室笔"笔刷为二层建筑栏杆上底色，再新建图层并点击图层缩略图，选择"剪辑蒙版"，然后使用"平画笔"笔刷为二层建筑栏杆刻画细节。

07 新建图层，使用"工作室笔"笔刷为建筑玻璃上底色，再新建图层并点击图层缩略图，选择"剪辑蒙版"，然后使用"平画笔"笔刷为建筑玻璃刻画细节。

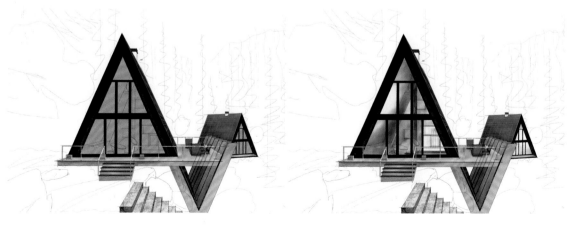

08 新建图层，使用"工作室笔"笔刷为建筑室内的物体上底色，再新建图层并点击图层缩略图，选择"剪辑蒙版"，然后使用"平画笔"笔刷为建筑室内的物体刻画细节。

6.3.3 建筑环境上色

01 新建图层，使用"工作室笔"笔刷为石头上底色，再新建图层并点击图层缩略图，选择"剪辑蒙版"，然后使用"平画笔""轻触"笔刷为石头刻画细节。

02 新建图层，使用"植物28"笔刷并结合模糊工具为植物平铺底色。

03 新建图层，使用"植物28"笔刷为草地亮部刻画细节。

04 新建图层，使用"草丛3"笔刷并调整笔刷的不透明度，为前景植物部分刻画层次。

05 新建图层，使用"植物28""树叶2"笔刷为乔木刻画暗部细节。

06 继续新建图层，使用"植物28""树叶2"笔刷为乔木刻画亮部细节。

07 新建图层，使用"6B铅笔"笔刷为乔木刻画树枝细节。

08 新建图层，使用"纸雏菊"笔刷为前景乔木部分刻画细节。

09 新建图层，使用"6B铅笔"笔刷刻画左侧挂脚树。

10 新建图层，使用"植物28"
笔刷刻画平台栏杆上的攀缘植物。

11 新建图层，使用"星云"笔
刷刻画云雾。

12 新建图层，使用"星云"笔
刷刻画天空细节。

13 新建图层，将线稿图层的环境部分隐藏，对其他部分线稿的不透明度进行细微调整，完成绘制。

提 示

　　本节的图层命名与分组管理参考右图。

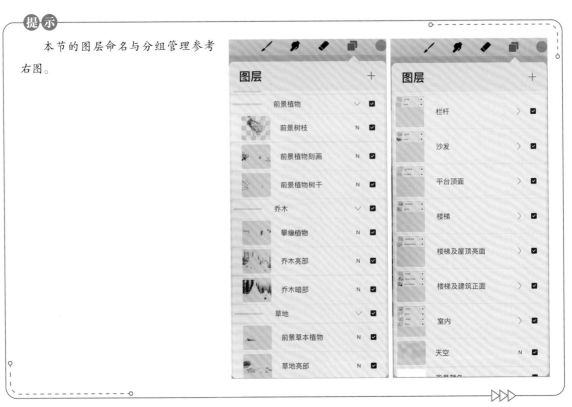

6.4　现代公共建筑绘制技法

> 学习要点

- 单体建筑线稿的画法。　　　● 颜色涂抹的方法。　　　● 植物与环境的画法。

◇ **使用的笔刷**

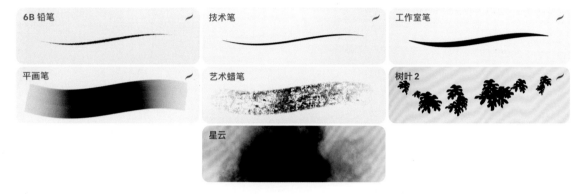

6B 铅笔	技术笔	工作室笔
平画笔	艺术蜡笔	树叶 2
星云		

6.4.1　建筑线稿绘制

01 建立画布，为保障画面有较高的清晰度，设置宽度为 5790px，高度为 4200px。

02 新建草图图层，选择"6B 铅笔"笔刷绘制草图。绘制时注意构图比例，主体建筑的上下空间应形成虚实关系。

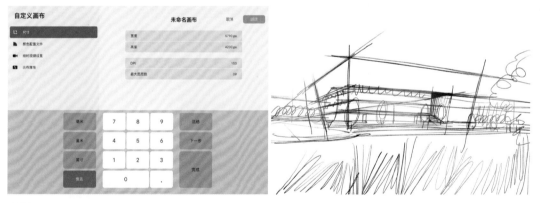

03 点击草图图层的字母 N，然后将草图图层的"不透明度"调至 19%，接着设置"透视"辅助，方便准确绘制空间透视关系。

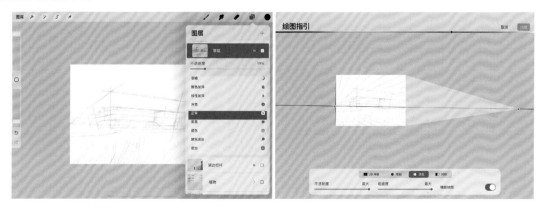

04 新建图层，选择使用系统自带的黑色"技术笔"笔刷绘制建筑部分的线稿。

05 继续新建图层，绘制植物与环境部分的线稿。

06 线稿绘制完成后，为了方便上色与观察，需把草图图层关闭或删除。

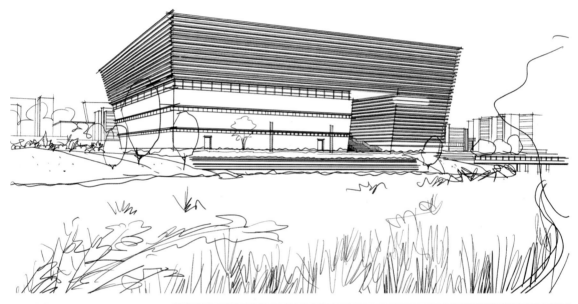

07 为了方便图层的使用与管理，需对图层进行重命名与分组。点击图层缩略图，选择"重命名"，更改图层的名称。依次对图层进行单指右滑操作，选择"组"并重命名，即可完成线稿成组操作。

6.4.2 | 建筑结构上色

01 新建图层，使用"工作室笔"笔刷为建筑上底色，再新建图层并点击图层缩略图，选择"剪辑蒙版"，然后使用"平画笔"笔刷为建筑刻画细节。

02 新建图层，使用"工作室笔"笔刷为周边建筑上底色，再新建图层并点击图层缩略图，选择"剪辑蒙版"，然后使用"平画笔""艺术蜡笔"笔刷为周边建筑刻画细节。

03 新建图层，使用"工作室笔"笔刷为建筑玻璃上底色，再新建图层并点击图层缩略图，选择"剪辑蒙版"，然后使用"平画笔"笔刷为建筑玻璃刻画细节。

6.4.3 | 建筑环境上色

01 新建图层，使用"平画笔"笔刷为草地部分上色。刻画草地亮暗部时，先选择较深的颜色刻画暗部，再选择饱和度和明度较高的颜色叠加刻画亮部。

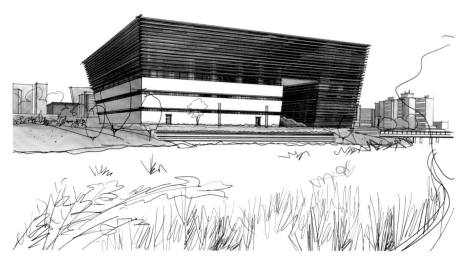

02 新建图层，使用"平画笔""树叶2""艺术蜡笔"笔刷为乔木与前景植物部分上色。刻画乔木与前景植物亮暗部时，先选择较深的颜色刻画暗部，再选择饱和度和明度较高的颜色叠加刻画亮部。注意刻画前后乔木与前景植物时适当调节笔刷的大小，整体遵循"近大远小"原则。

03 新建图层，使用"6B铅笔"笔刷刻画乔木在水中的倒影，并把图层的不透明度设置为30%。

04 新建图层，使用"平画笔""艺术蜡笔"笔刷刻画前景湖岸栏杆部分的细节。

05 新建图层，使用"平画笔"笔刷刻画湖面的颜色与明暗变化。

06 将绘制的画面导出为JPEG格式的图片，再重新导入工作界面中。将图片放置于湖面底色图层的上层，使用变换变形工具的"垂直翻转"功能翻转图片，然后点击图层缩略图，选择"剪辑蒙版"，对图层的不透明度进行细微调整，即可在湖面区域得到建筑倒影效果。

07 新建图层，使用"星云"笔刷为天空上色。将线稿图层的环境部分隐藏，对线稿的不透明度进行细微调整，完成绘制。

08 将线稿图层的环境部分隐藏，对其他部分线稿的不透明度及前后遮挡关系进行细微调整，完成绘制。

提 示

本节的图层命名与分组管理参考右图。

6.5　现代文化建筑绘制技法

学习要点

- 曲线形单体建筑线稿的画法。
- 单色曲面建筑的上色方法。
- 大片草地植物的画法。

◇ **使用的笔刷**

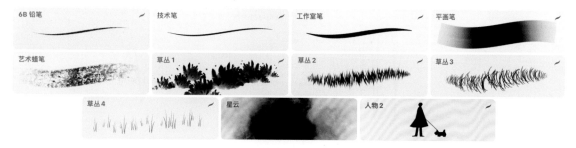

6.5.1　建筑线稿绘制

01 建立画布，为保障画面有较高的清晰度，设置宽度为5790px，高度为4200px。

02 新建草图图层，选择黑色"6B 铅笔"笔刷绘制草图。

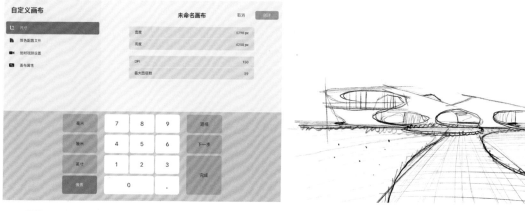

03 降低草图图层的不透明度并新建线稿图层，同时设置"2D网格"辅助，方便绘制垂直线和水平线。用黑色"技术笔"笔刷绘制建筑部分及周边道路的线稿。

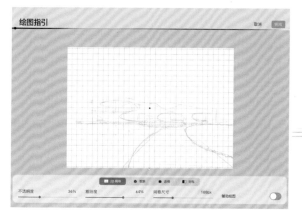

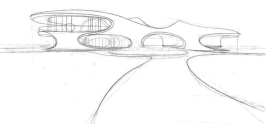

提 示

　　主体建筑的曲线较多，线稿绘制的曲线要更为顺畅。点击笔刷进入"画笔工作室"，设置笔刷的"稳定性"，提高"技术笔"的流畅度。将笔刷的"稳定性＞数量"与"动作过滤＞数量"参数分别设置为42%和52%，具体参数高低也可根据自己的需要进行调整。

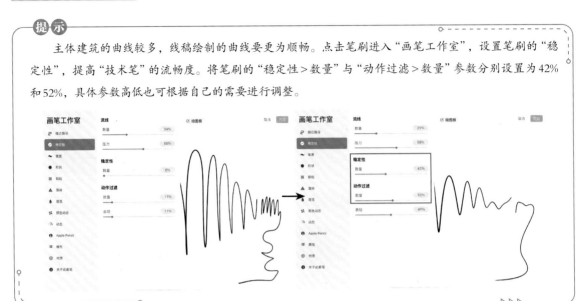

04 继续新建图层，绘制植物等部分的线稿。

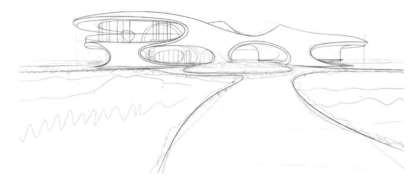

05 线稿绘制完成后，为了方便上色与观察，需把草图图层关闭或删除。

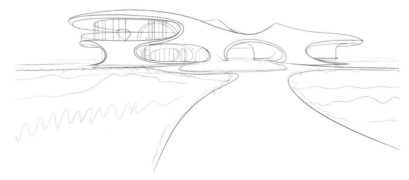

06 为了方便图层的使用与管理，需对图层进行重命名与分组。点击图层缩略图，选择"重命名"，更改图层的名称。依次对图层进行单指右滑操作，选择"组"并重命名，即可完成线稿成组操作。

6.5.2 | 建筑结构上色

01 新建图层，使用"工作室笔"笔刷为建筑亮部上底色，再新建图层并点击图层缩略图，选择"剪辑蒙版"，然后使用"平画笔"笔刷为建筑亮部刻画细节。

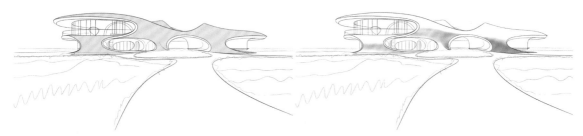

02 新建图层，使用"工作室笔"笔刷为建筑厚度暗部上底色，再新建图层并点击图层缩略图，选择"剪辑蒙版"，然后使用"平画笔""艺术蜡笔"笔刷为建筑厚度暗部刻画细节。

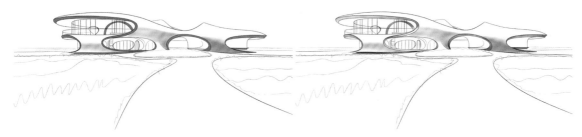

03 新建图层，使用"工作室笔"笔刷为建筑底面暗部上底色，再新建图层并点击图层缩略图，选择"剪辑蒙版"，然后使用"平画笔"笔刷为建筑底面暗部刻画细节。

04 新建图层，使用"工作室笔"笔刷为建筑内部空间上底色，再新建图层并点击图层缩略图，选择"剪辑蒙版"，然后使用"平画笔"笔刷为建筑内部空间刻画细节。

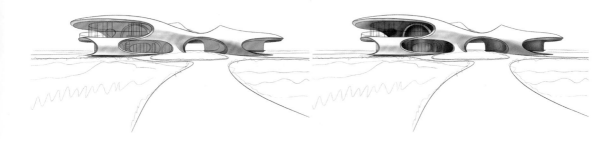

05 新建图层，使用"工作室笔"笔刷为建筑室内暗部上底色，再新建图层并点击图层缩略图，选择"剪辑蒙版"，然后使用"平画笔"笔刷为建筑室内暗部刻画细节。

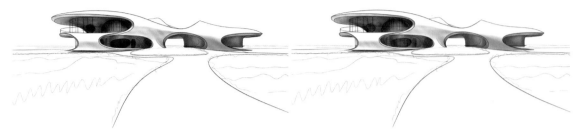

06 新建图层，使用"工作室笔"笔刷为建筑玻璃上底色，再新建图层并点击图层缩略图，选择"剪辑蒙版"，然后使用"平画笔"笔刷为建筑玻璃刻画细节。

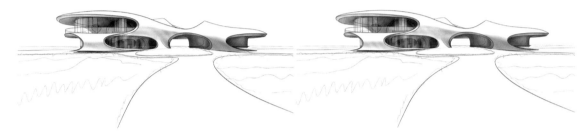

07 继续新建图层，使用"工作室笔""平画笔"笔刷为建筑周边道路上底色并绘制方格线，再新建图层并点击图层缩略图，选择"剪辑蒙版"，然后使用"平画笔"笔刷为建筑周边道路刻画细节。

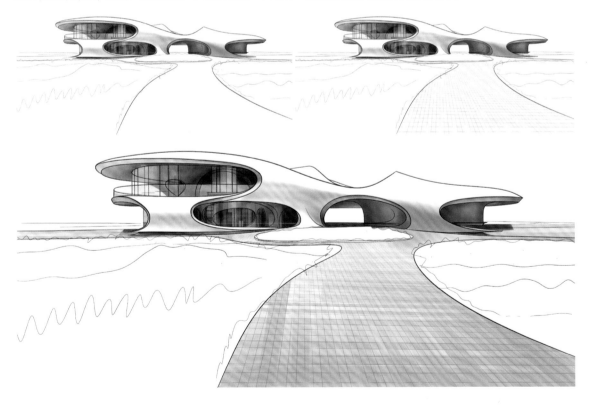

6.5.3 建筑环境上色

01 新建图层，使用"草丛1"笔刷为草地部分上色。刻画草地亮暗部时，先选择较深的颜色刻画暗部，再选择饱和度和明度较高的颜色叠加刻画亮部。

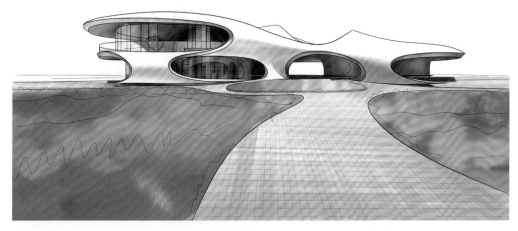

02 新建图层，用"草丛2""草丛3"笔刷绘制草地暗部。注意刻画前后草地时适当调节笔刷的大小，整体遵循"近大远小"原则。

03 新建图层，用"草丛2""草丛3""草丛4"笔刷绘制草地亮部。

04 新建图层，使用"工作室笔"笔刷为海面上底色，再新建图层并点击图层缩略图，选择"剪辑蒙版"，然后使用"平画笔"笔刷为海面刻画细节。

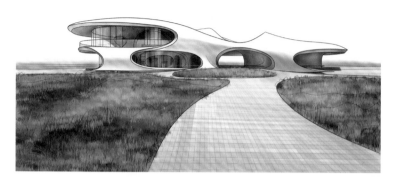

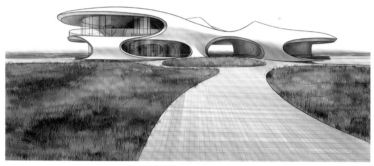

05 新建图层，使用"星云"笔刷为天空上色，绘制时注意天空前后关系的刻画。因为建筑细节较少，所以处理天空时以简单平整的处理手法为主。

06 新建图层,使用"人物2"笔刷为场景添加人物,注意人物的比例,可通过变换变形工具调整大小。

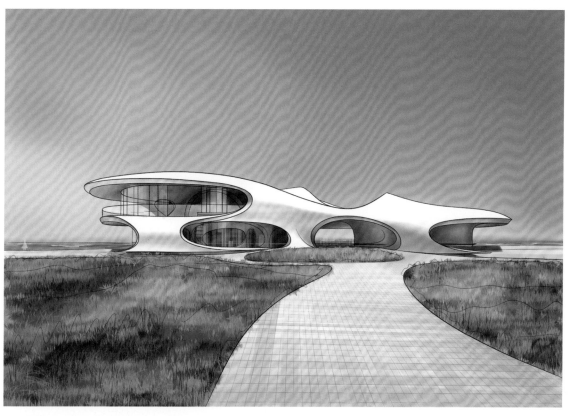

07 将线稿图层的环境部分隐藏,并对其他部分线稿的不透明度进行细微调整,完成绘制。

提 示

本节的图层命名与分组管理参考右图。

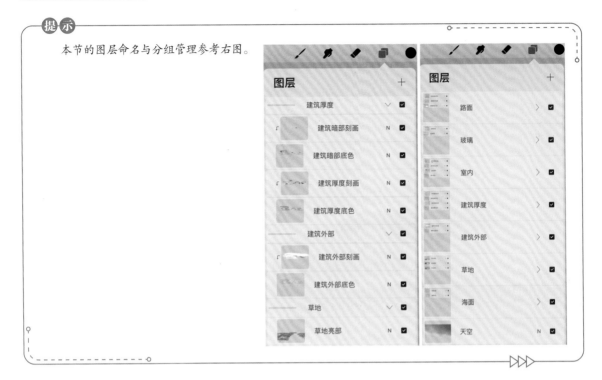

— 第 **7** 章 —

建筑空间氛围表现

　　本章主要讲解建筑空间的氛围表现，好的氛围可以让建筑如虎添翼。空间效果图可以根据建筑的不同属性选择不同的氛围表现，也可以根据不同的心情状态画想画的空间氛围。本章通过对白天建筑、傍晚建筑、夜景建筑、雨景建筑、秋景建筑、雪景建筑等氛围的表现，带领大家了解构图、光影、润色，以及笔刷选择、结构细化、图层管理等相关知识。

7.1 白天建筑氛围效果图绘制技法

● 双坡屋顶单体建筑的画法。　　● 多种笔刷混合的使用方法。　　● 植物、堆石的画法。

◇ **使用的笔刷**

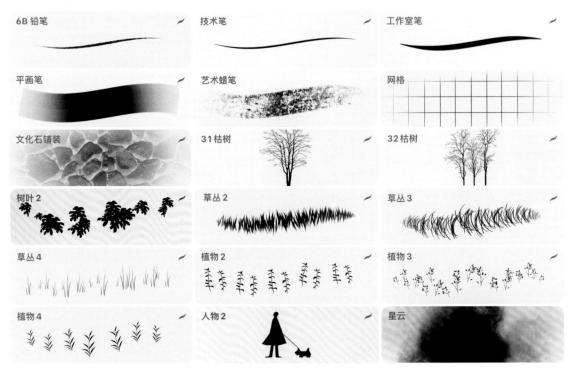

7.1.1 建筑线稿绘制

01 建立画布，为了保障画面效果清晰，设置宽度为5790px，高度为4200px。

02 新建草图图层，用黑色"6B铅笔"笔刷绘制草图。

03 点击草图图层的字母N，然后将草图图层的"不透明度"调至39%。新建线稿图层，设置"透视"辅助，在该图层上使用系统自带的"技术笔"笔刷绘制建筑的线稿。

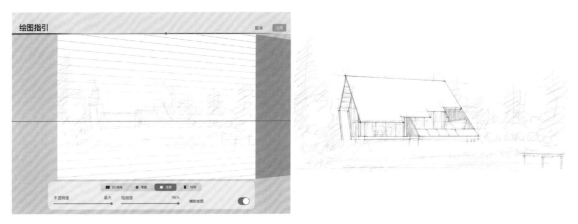

04 继续新建图层，绘制植物与环境部分的线稿。对环境部分的刻画不用太细致，交代好层次关系与比例关系即可。

05 线稿绘制完成后，为了方便上色与观察，需把草图图层关闭或删除。

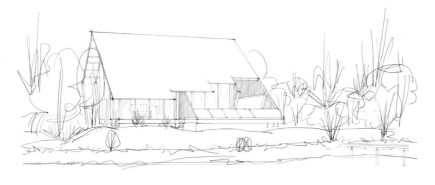

06 为了方便图层的使用与管理，需对图层进行重命名与分组。点击图层缩略图，选择"重命名"，更改图层的名称。依次对图层进行单指右滑操作，选择"组"并重命名，即可完成线稿成组操作。

7.1.2 | 建筑结构上色

01 新建图层，使用"工作室笔"笔刷为建筑底部上底色，再新建图层并点击图层缩略图，选择"剪辑蒙版"，然后使用"平画笔"笔刷为建筑底部刻画明暗细节。

02 新建图层，使用"工作室笔"笔刷为建筑立面与小桥上底色，再新建图层并点击图层缩略图，选择"剪辑蒙版"，然后使用"平画笔""艺术蜡笔"笔刷为建筑立面与小桥刻画细节。

03 新建图层，使用"工作室笔"笔刷为建筑钢结构上底色，再新建图层并点击图层缩略图，选择"剪辑蒙版"，然后使用"平画笔"笔刷为建筑钢结构刻画细节。

04 新建图层，使用"工作室笔"笔刷为建筑玻璃上底色，再新建图层并点击图层缩略图，选择"剪辑蒙版"，然后使用"平画笔"笔刷为建筑玻璃刻画细节。

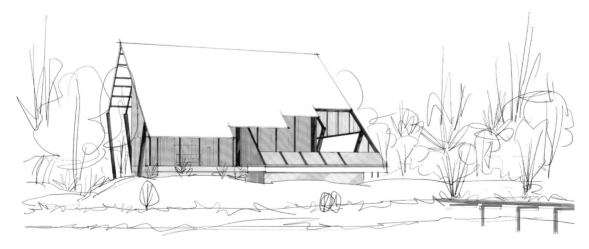

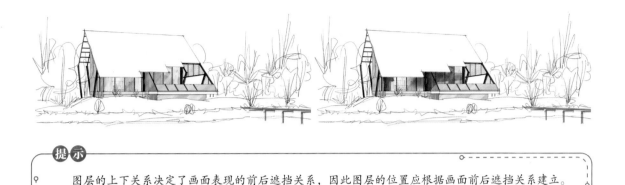

05 新建图层，使用"工作室笔"笔刷为建筑内部物体上底色，再新建图层并点击图层缩略图，选择"剪辑蒙版"，然后使用"平画笔"笔刷为建筑内部物体刻画细节。

06 新建图层，使用"工作室笔"笔刷为建筑屋顶底部上底色，再新建图层并点击图层缩略图，选择"剪辑蒙版"，然后使用"平画笔"笔刷为建筑屋顶底部刻画细节。

07 新建图层，使用"工作室笔""平画笔"笔刷为建筑屋顶平铺底色，再新建图层并点击图层缩略图，选择"剪辑蒙版"，然后使用"平画笔"笔刷为建筑屋顶刻画细节。

08 新建图层，使用"网格""平画笔"笔刷为建筑屋顶铺设纹理细节。先用"网格"笔刷刻画出一组横平竖直的网格线，再使用变换变形工具中的"扭曲"调整方向，与屋顶透视形状贴合，然后点击图层缩略图，选择"剪辑蒙版"，完成建筑屋顶的纹理铺设。

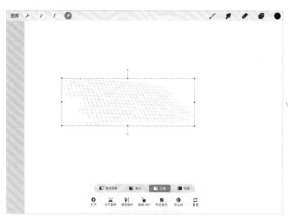

🏢 7.1.3 | 建筑环境上色

01 新建图层，使用"艺术蜡笔"笔刷为驳岸部分上色。

02 新建图层，使用"平画笔"或"工作室笔"笔刷为草地上的堆石上较深的底色。再新建图层并点击图层缩略图，选择"剪辑蒙版"，然后使用"文化石铺装"笔刷为草地上的堆石刻画细节。注意笔刷的大小的调节与颜色的变换。

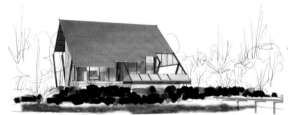

03 新建图层，使用"平画笔"笔刷与涂抹工具为草地及部分植物绘制底色。

04 新建图层，使用"31枯树""32枯树"笔刷，结合调整图层的不透明度，为场景刻画树干与远景植物。

05 新建图层，使用"树叶2"笔刷为乔木上色，注意场景前后关系的刻画，靠前的植物饱和度更高，对比度更强。

06 新建图层，使用"草丛2""草丛3""草丛4"笔刷为场景刻画草地的明暗效果，结合"植物2""植物3""植物4"笔刷，刻画草地细节，同时需注意前后关系，可适当调整笔刷的不透明度。

07 新建图层，使用"枯树"系列笔刷刻画前面乔木的树干，结合"树叶2"笔刷刻画树冠细节。

08 新建图层，使用"平面笔"笔刷
与涂抹工具为场景湖面铺设底色。然后新
建图层，使用"人物2"笔刷为场景添加人
物，注意人物的比例关系，可通过变换变
形工具调整大小。

09 将绘制的作品导出为JPEG格式的
图片，再重新导入工作界面中。将其放置
于湖面底色图层的上层，使用变换变形工
具的"垂直翻转"功能翻转图片，并选择
"等比"将图片往下压缩，使其高度为原图
的1/2左右。接着点击图层缩略图，选择
"剪辑蒙版"，对图层的不透明度进行细微
调整，即可在湖面区域得到建筑倒影效果。

10 新建图层，使用"星云"笔刷为天空上色，注意天空前后关系的刻画。

11 将线稿图层的环境部分隐藏，并对其他部分线稿的不透明度进行细微调整，完成绘制。

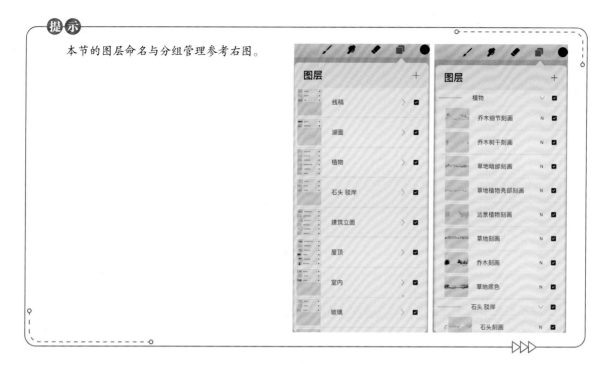

提示

本节的图层命名与分组管理参考右图。

7.2　傍晚建筑氛围效果图绘制技法

学习要点

● 木材质深色建筑的画法。　　● 植物多层次的刻画方法。　　● 傍晚氛围营造的方法。

◇　**使用的笔刷**

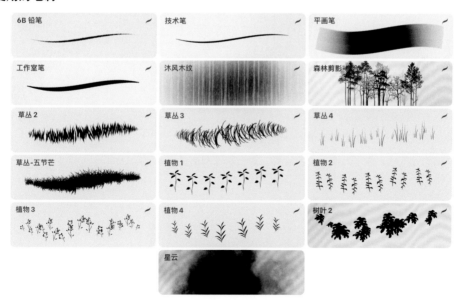

🏛 7.2.1　建筑线稿绘制

01 建立画布，为了保障画面效果清晰，设置宽度为5790px，高度为4200px。

02 新建草图图层，用黑色"6B 铅笔"笔刷绘制草图。

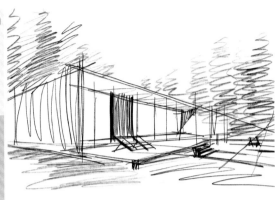

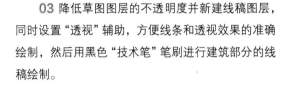

03 降低草图图层的不透明度并新建线稿图层，同时设置"透视"辅助，方便线条和透视效果的准确绘制，然后用黑色"技术笔"笔刷进行建筑部分的线稿绘制。

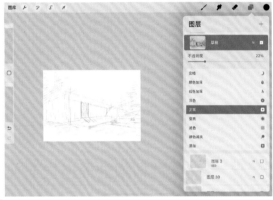

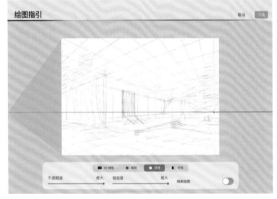

04 继续新建图层，进行植物与环境部分的线稿绘制。

05 线稿绘制完成后，为了方便上色与观察，需把草图图层关闭或删除。

06 为了方便图层的使用与管理，需对图层进行重命名与分组。点击图层缩略图，选择"重命名"，更改图层的名称。依次对图层进行单指右滑操作，选择"组"并重命名，即可完成线稿成组操作。

7.2.2 建筑结构上色

01 新建图层，使用"工作室笔"笔刷为建筑正面框架结构上底色，再新建图层并点击图层缩略图，选择"剪辑蒙版"，然后使用"平画笔"笔刷为建筑正面框架结构刻画明暗细节。

02 新建图层，使用"工作室笔"笔刷为建筑暗面及右侧亮面上底色，再新建图层并点击图层缩略图，选择"剪辑蒙版"，然后使用"平画笔""沐风木纹"笔刷为建筑暗面及右侧亮面刻画细节。

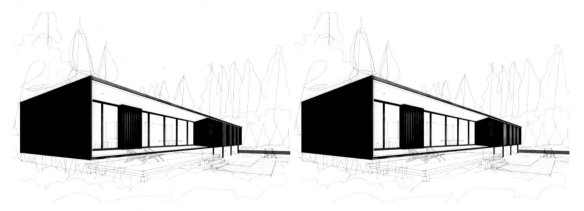

03 新建图层，使用"工作室笔"笔刷为建筑顶部下面、底面及平台、台阶等地面部分上底色，再新建图层并点击图层缩略图，选择"剪辑蒙版"，然后使用"平画笔"笔刷为建筑顶部下面、底面及平台、台阶等地面部分刻画细节。

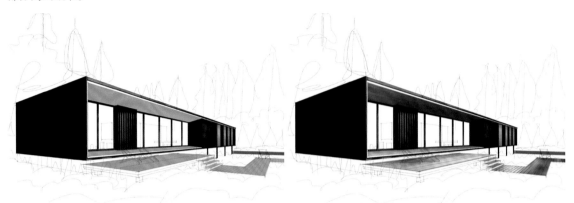

04 新建图层，使用"工作室笔"笔刷为建筑前面的轮廓厚度与平台厚度上底色，再新建图层并点击图层缩略图，选择"剪辑蒙版"，然后使用"平画笔"笔刷为建筑前面的轮廓厚度与平台厚度刻画细节。

05 新建图层，使用"工作室笔"笔刷为建筑玻璃上底色，再新建图层并点击图层缩略图，选择"剪辑蒙版"，然后使用"平画笔"笔刷为建筑玻璃刻画明暗细节。

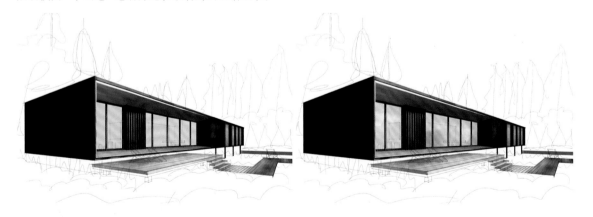

06 新建图层，使用"森林剪影－组合"笔刷为建筑玻璃添加植物倒影，同时点击图层缩略图，选择"剪辑蒙版"，并使用"平画笔"笔刷为建筑玻璃上的植物倒影刻画细节。然后新建图层并将图层放置于玻璃底色图层的下方，利用"平画笔"刻画室内光影细节。

07 继续新建图层，使用"工作室笔"笔刷为建筑底部平铺底色，再新建图层并点击图层缩略图，选择"剪辑蒙版"，然后使用"平画笔"笔刷为建筑底部刻画细节。

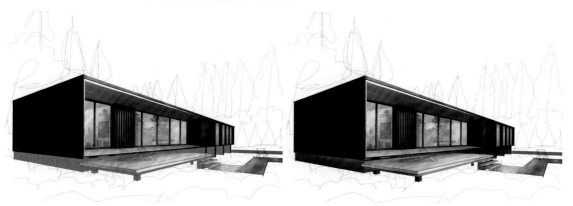

08 新建图层，使用"平画笔"笔刷为建筑室内刻画细节，之后为建筑室外的椅子刻画细节。

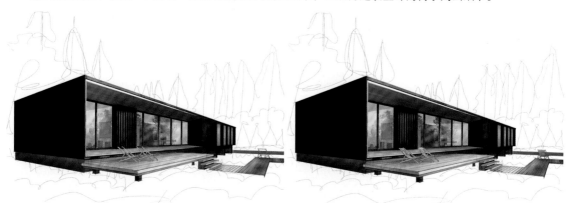

🏛 7.2.3 │ 建筑环境上色

01 新建图层，使用"草丛"
系列笔刷为植物部分上底色并刻画
细节。

02 新建图层，使用"草丛2"
"草丛3"笔刷为草地刻画植被细节，
注意笔刷大小的调节与颜色的变换。

03 新建图层，使用"植物"系
列笔刷绘制出草地的层次。

04 新建图层，使用"树叶2"笔刷，结合调整图层的不透明度，刻画场景中乔木的暗部。

05 新建图层，使用"树叶2"笔刷，结合调整图层的不透明度，刻画场景中乔木的亮部。为突出傍晚氛围，亮部可以使用偏暖的黄色系。

06 新建图层，使用"星云"笔刷为天空上色，注意天空前后关系的刻画。

07 新建图层，再次使用"星云"笔刷为天空远处及建筑受光部分铺设偏暖色，注意天空前后关系的刻画。

08 将线稿图层的环境部分隐藏，并对其他部分线稿的不透明度进行细微调整，完成绘制。注意落款签名与画面的协调与均衡，不能显得突兀。

提示

本节的图层命名与分组管理参考右图。

7.3 夜景建筑氛围效果图绘制技法

学习要点

- 混凝土建筑的画法。
- 夜景植物层次的画法。
- 夜景氛围的画法。

◇ **使用的笔刷**

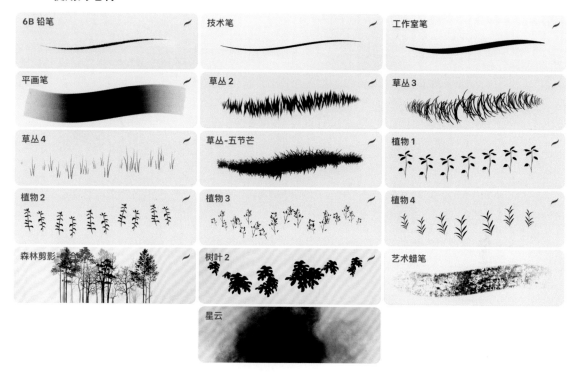

7.3.1 建筑线稿绘制

01 建立画布，为了保障画面效果清晰，设置宽度为5790px，高度为4200px。

02 新建草图图层，用黑色"6B铅笔"笔刷绘制草图。

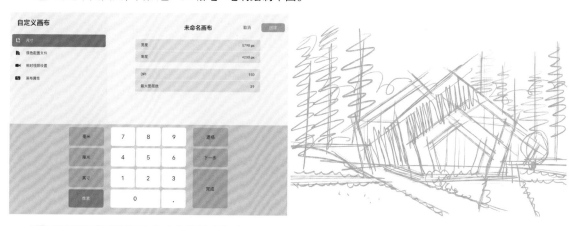

03 降低草图图层的不透明度并新建线稿图层，同时设置"2D网格"辅助，方便垂直线、水平线的绘制，然后用黑色"技术笔"笔刷进行建筑部分的线稿绘制。

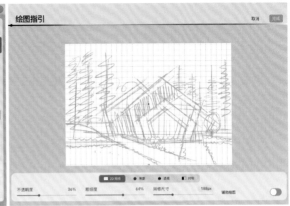

04 继续新建图层，进行植物与环境部分的线稿绘制。

05 线稿绘制完成后隐藏草稿图层，并降低环境线稿图层的不透明度至不干扰绘图的程度。

06 为了方便图层的使用与管理，需对图层进行重命名与分组。点击图层缩略图，选择"重命名"，更改图层的名称。依次对图层进行单指右滑操作，选择"组"并重命名，即可完成线稿成组操作。

7.3.2 | 建筑结构上色

01 新建图层，使用"工作室笔"笔刷为建筑受光面上底色，再新建图层并点击图层缩略图，选择"剪辑蒙版"，然后使用"平画笔"笔刷为建筑受光面刻画明暗细节。

02 新建图层，使用"工作室笔"笔刷为建筑暗面上底色，再新建图层并点击图层缩略图，选择"剪辑蒙版"，然后使用"平画笔"笔刷为建筑暗面刻画细节。

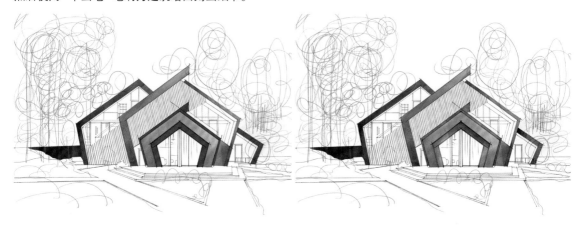

03 新建图层，使用"工作室笔"笔刷为建筑正面栅格部分上底色，再新建图层并点击图层缩略图，选择"剪辑蒙版"，然后使用"平画笔"笔刷为建筑正面栅格部分刻画细节。

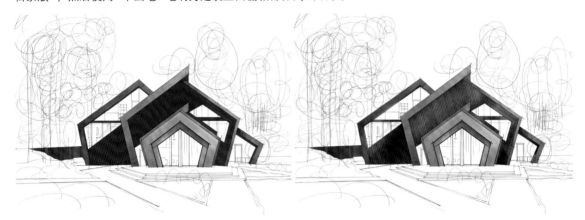

04 新建图层，使用"工作室笔"笔刷为建筑内部上底色，再新建图层并点击图层缩略图，选择"剪辑蒙版"，然后使用"平画笔"笔刷为建筑内部刻画细节。

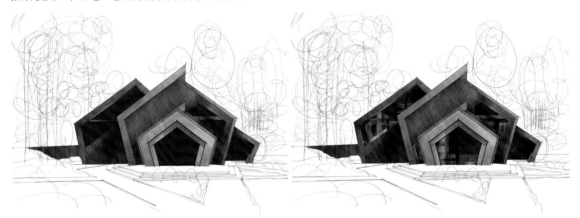

05 新建图层，使用"工作室笔"笔刷为建筑窗帘上底色，再新建图层并点击图层缩略图，选择"剪辑蒙版"，然后使用"平画笔"笔刷为建筑窗帘刻画细节。

06 新建图层，使用"工作室笔"笔刷为建筑窗户钢结构上底色，再新建图层并点击图层缩略图，选择"剪辑蒙版"，然后使用"平画笔"笔刷为建筑窗户钢结构刻画细节。

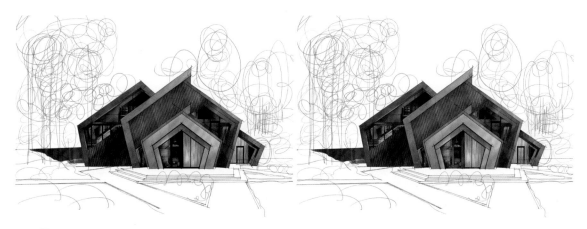

07 继续新建图层，使用"平画笔"笔刷为建筑玻璃刻画高光细节，可通过对笔刷的不透明度与大小的调节来刻画高光变化。

08 新建图层，使用"平画笔"笔刷为道路部分上底色，再新建图层并点击图层缩略图，选择"剪辑蒙版"，然后使用"平画笔"笔刷为道路部分刻画细节。

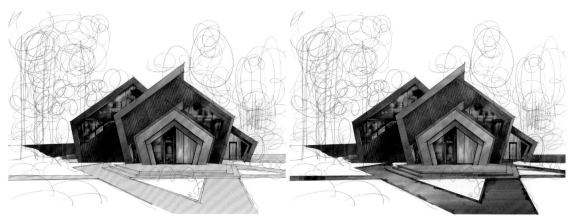

09 新建图层，使用"平画笔"笔刷为台阶厚度上底色，再新建图层并点击图层缩略图，选择"剪辑蒙版"，然后使用"平画笔"笔刷为台阶厚度刻画细节。

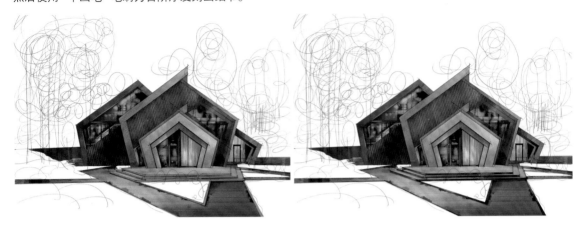

7.3.3 建筑环境上色

01 新建图层，使用"草丛"系列笔刷与涂抹工具为远景植物上底色。

02 新建图层，使用"草丛"系列笔刷与涂抹工具为近中景植物上底色。

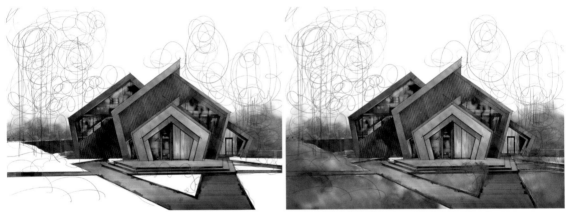

03 新建图层，使用"植物"系列笔刷绘制出草地的层次。

04 新建图层，使用"森林剪影–组合"笔刷，结合调整图层的不透明度及颜色，刻画远景的乔木。注意图层的不透明度与颜色的饱和度都要略低。

05 新建图层，使用"森林剪影 - 组合""树叶 2"笔刷，结合调整图层的不透明度，刻画场景中的乔木。为了突出前后对比，植物色彩的冷暖倾向可遵循"前暖后冷"的原则，同时为了突出夜景氛围，植物明度可以整体降低。

06 新建图层，使用"树叶 2"笔刷，结合调整笔刷的大小，刻画场景中乔木的暗部。

07 新建图层，使用"工作室笔"笔刷为乔木刻画树干底色，用"艺术蜡笔"笔刷刻画树干，使其具有层次感与质感。

08 新建图层，使用"植物"系列笔刷为草地刻画冷色花朵。

09 新建图层，使用"星云"笔刷为天空上色。刻画天空的过程中，注意"前重后轻"，拉开天空的空间层次。

10 新建图层，使用"工作室笔"在右上角画一个大小适合的圆并填充白色作为月光底色，再新建图层并点击图层缩略图，选择"剪辑蒙版"，然后使用"星云"笔刷为月光刻画明暗细节。

11 将线稿图层的环境部分隐藏，并对其他部分线稿的不透明度进行细微调整，完成绘制。

提 示

本节的图层命名与分组管理参考右图。

图层	+
线稿	> ☑
植物	> ☑
玻璃	> ☑
窗帘楼梯	> ☑
室内墙面	> ☑
台阶厚度	> ☑
建筑暗面	> ☑
道路	> ☑

图层	+
植物	∨ ☑
乔木树干	N ☑
乔木暗部	N ☑
草丛花朵	N ☑
植物刻画	N ☑
植物底色	N ☑
玻璃	∨ ☑
玻璃反光	N ☑
玻璃钢结构刻画	N ☑
玻璃钢结构底色	N ☑
窗帘楼梯	∨ ☑

7.4　雨景建筑氛围效果图绘制技法

学习要点

- ● 大面积玻璃建筑的画法。
- ● 草地植物多层次的画法。
- ● 傍晚雨景氛围的画法。

◇　**使用的笔刷**

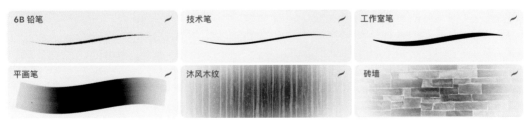

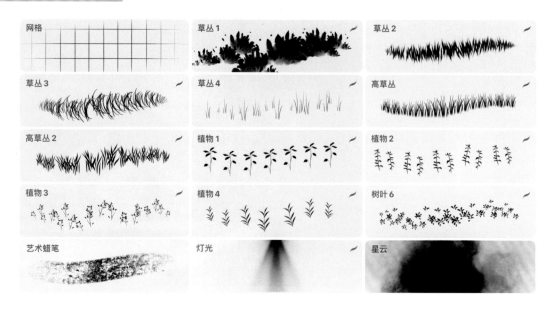

7.4.1 建筑线稿绘制

01 建立画布，为了保障画面效果清晰，设置宽度为5790px，高度为4200px。

02 新建草图图层，用黑色"6B铅笔"笔刷绘制草图。

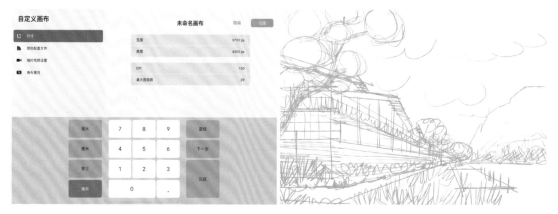

03 降低草图图层的不透明度并新建线稿图层，同时设置"透视"辅助，方便线条与透视效果的准确绘制，然后用黑色"技术笔"笔刷进行建筑部分的线稿绘制。

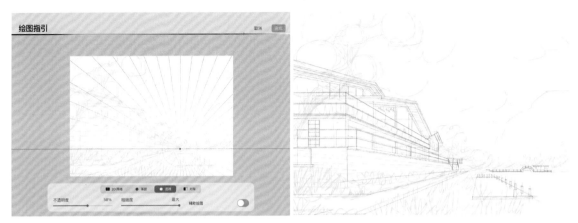

04 继续新建图层，进行植物与环境部分的线稿绘制。线稿绘制完成后隐藏草稿图层，并降低环境线稿图层的不透明度至不干扰绘图的程度。

05 为了方便图层的使用与管理，需对图层进行重命名与分组。点击图层缩略图，选择"重命名"，更改图层的名称。依次对图层进行单指右滑操作，选择"组"并重命名，即可完成线稿成组操作。

7.4.2 建筑结构上色

01 新建图层，使用"工作室笔"笔刷为建筑玻璃与亲水平台上底色，再新建图层并点击图层缩略图，选择"剪辑蒙版"，然后使用"平画笔"笔刷为建筑玻璃与亲水平台刻画明暗细节。

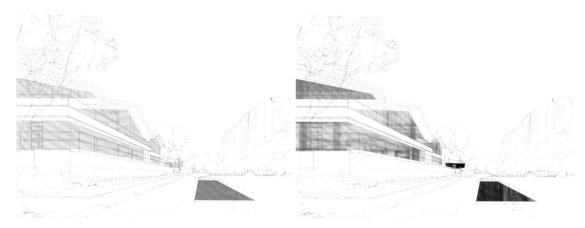

02 新建图层，使用"工作室笔"笔刷为建筑室内的家具与吊顶上底色，再新建图层并点击图层缩略图，选择"剪辑蒙版"，然后使用"平画笔""沐风木纹"笔刷为建筑室内的家具与吊顶刻画细节。

03 新建图层，使用"工作室笔"笔刷为建筑屋顶厚度及外墙上底色，再新建图层并点击图层缩略图，选择"剪辑蒙版"，然后使用"平画笔"笔刷为建筑屋顶厚度及一层上部外墙刻画细节。

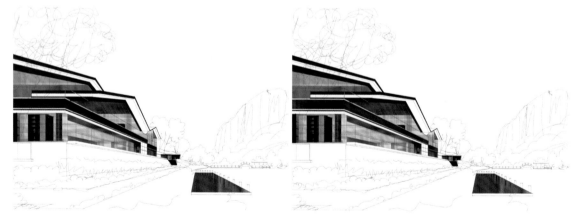

04 继续新建图层并点击图层缩略图，选择"剪辑蒙版"，然后使用"平画笔"笔刷为建筑一层上部外墙刻画细节。

05 新建图层，使用"工作室笔"笔刷为建筑下半部分及拱桥上底色，再新建图层并点击图层缩略图，选择"剪辑蒙版"，然后使用"砖墙"笔刷为建筑下半部分刻画砖墙细节，使用"平画笔"笔刷为拱桥刻画细节。

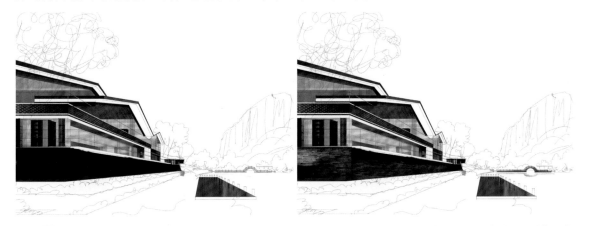

06 新建图层，使用"工作室笔"笔刷为建筑栏杆等部分上底色，再新建图层并点击图层缩略图，选择"剪辑蒙版"，然后使用"平画笔"笔刷为建筑栏杆等部分刻画明暗细节。

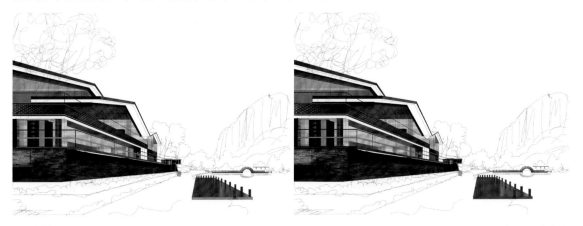

07 新建图层，使用"工作室笔"笔刷为建筑屋顶底面及建筑下半部分留白处上底色，再新建图层并点击图层缩略图，选择"剪辑蒙版"，然后使用"平画笔"笔刷为建筑屋顶底面及建筑下半部分留白处刻画明暗细节。

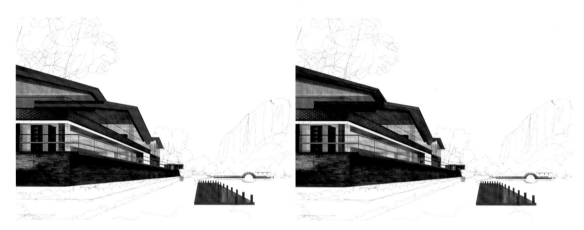

08 新建图层，使用"平画笔"笔刷为建筑框架结构上底色，再新建图层并点击图层缩略图，选择"剪辑蒙版"，然后使用"平画笔"笔刷为建筑框架结构刻画细节。

09 继续新建图层，使用"平画笔"笔刷为道路上底色，再新建图层并点击图层缩略图，选择"剪辑蒙版"，然后使用"平画笔"笔刷为道路刻画细节。

提 示

　　在细节刻画中，为道路铺设网格的步骤：先用"网格"笔刷刻画出一组横平竖直的网格线，再使用变换变形工具中的"扭曲"调整方向，与建筑透视形状贴合，然后点击图层缩略图，选择"剪辑蒙版"，完成道路网格的铺设。

10 继续新建图层，使用"平画笔"笔刷为玻璃上底色，再通过调整图层的不透明度及配合擦除笔刷来刻画玻璃的细节。

🏢 7.4.3 │ 建筑环境上色

01 新建图层，使用"草丛"系列笔刷与涂抹工具为低处的植物部分及远山上底色。

02 新建图层，使用"植物"系列、"草丛"系列和"树叶6"笔刷绘制出近中景植物的层次。

03 新建图层，使用"6B铅笔""艺术蜡笔"笔刷，结合调整图层的不透明度及颜色，刻画中景乔木的树干。

04 新建图层，使用"树叶6"笔刷，结合调整笔刷的不透明度及颜色，刻画前景乔木的树冠部分。为突出前后对比，植物色彩的冷暖倾向可遵循"前暖后冷"的原则。为了突出雨景氛围，植物明度需整体降低，树冠暗部的绿色更偏向于冷色。

05 新建图层，使用"工作室笔"笔刷为乔木刻画树干底色，用"艺术蜡笔"为树干刻画明暗层次与质感。

06 新建图层，使用"平画笔"笔刷为湖面上底色，再新建图层并点击图层缩略图，选择"剪辑蒙版"，然后使用"平画笔"笔刷为湖面刻画明暗细节。

07 新建图层，使用"灯光"笔刷为室内与道路增加灯光细节。

室内灯光细节

道路灯光细节

08 新建图层，使用"星云"笔刷为天空上色。刻画天空的过程中，注意"前重后轻"，拉开天空的空间层次。

09 将线稿图层的环境部分隐藏新建图层，使用"6B铅笔"笔刷，将其调至合适的笔刷大小，同时选择"等距"辅助，刻画雨水细节。

10 对其他部分线稿的不透明度进行细微调整，完成绘制。

提 示

本节的图层命名与分组管理参考右图。

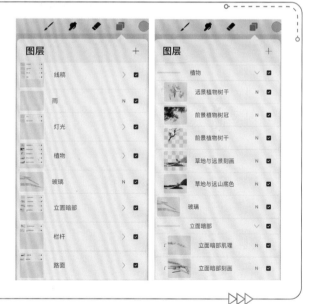

7.5　秋景建筑氛围效果图绘制技法

学习要点

● 纯木结构建筑的画法。　　　　● 枯树植物的多层次画法。　　　　● 秋天氛围的画法。

◇ **使用的笔刷**

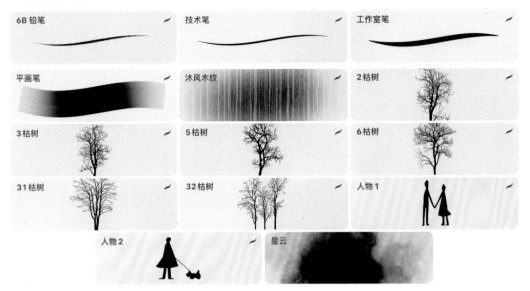

7.5.1 | 建筑线稿绘制

01 建立画布，为了保障画面效果清晰，设置宽度为5790px，高度为4200px。

02 新建草图图层，选择"6B铅笔"笔刷绘制草图。

03 降低草图图层的不透明度并新建线稿图层，同时设置"透视"辅助，方便线条与透视效果的准确绘制，然后用黑色"技术笔"笔刷进行建筑部分的线稿绘制。

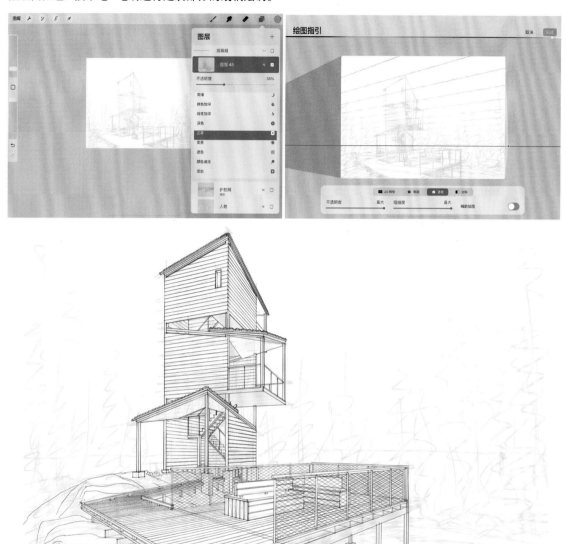

04 继续新建图层，进行植物与环境部分的线稿绘制。线稿绘制完成后隐藏草稿图层，并降低环境线稿图层的不透明度至不干扰绘图的程度。

05 为了方便上色与观察，需把草图图层关闭或删除。

06 为了方便图层的使用与管理，需对图层进行重命名与分组。点击图层缩略图，选择"重命名"，更改图层的名称。依次对图层进行单指右滑操作，选择"组"并重命名，即可完成线稿成组操作。

7.5.2 | 建筑结构上色

01 新建图层，使用"工作室笔"笔刷为建筑亮面上底色，再新建图层并点击图层缩略图，选择"剪辑蒙版"，然后使用"平画笔"笔刷为建筑亮面刻画明暗细节。

02 新建图层，使用"工作室笔"笔刷为建筑底面上底色，再新建图层并点击图层缩略图，选择"剪辑蒙版"，然后使用"平画笔""沐风木纹"笔刷为建筑底面刻画细节。

03 新建图层，使用"工作室笔"笔刷为建筑内部上底色，再新建图层并点击图层缩略图，选择"剪辑蒙版"，然后使用"平画笔"笔刷为建筑内部刻画细节。

04 新建图层，使用"工作室笔"笔刷为建筑暗面上底色，再新建图层并点击图层缩略图，选择"剪辑蒙版"，然后使用"平画笔"笔刷为建筑暗面刻画细节。

05 新建图层，使用"工作室笔"笔刷为建筑屋檐部分上底色，再新建图层并点击图层缩略图，选择"剪辑蒙版"，然后使用"平画笔"笔刷为建筑屋檐刻画细节。

06 新建图层，使用"工作室笔"笔刷为建筑平台上底色，再新建图层并点击图层缩略图，选择"剪辑蒙版"，然后使用"平画笔"笔刷为建筑平台刻画细节。

07 新建图层，使用"工作室笔"笔刷为建筑平台上的木凳上底色，再新建图层并点击图层缩略图，选择"剪辑蒙版"，然后使用"平画笔"笔刷为建筑平台上的木凳刻画细节。

08 新建图层，使用"平画笔"笔刷为建筑底部结构柱子上底色，再新建图层并点击图层缩略图，选择"剪辑蒙版"，然后使用"平画笔"笔刷为建筑底部结构柱子刻画细节。

09 继续新建图层，使用"平画笔"笔刷为栏杆上底色，再新建图层并点击图层缩略图，选择"剪辑蒙版"，然后使用"平画笔"笔刷为栏杆刻画细节。

7.5.3 建筑环境上色

01 新建图层，使用"平画笔"笔刷为地面上底色，再通过调整笔刷的不透明度及配合擦除笔刷来刻画地面的细节。

02 新建图层，使用"平画笔"笔刷绘制出中景地面和远山的前后层次。

03 新建图层，使用"枯树"系列笔刷，结合调整图层的不透明度、颜色与笔刷大小等，刻画中景乔木的枝干，注意图层的不透明度与颜色的饱和度都需降低。

04 新建图层，使用"枯树"系列笔刷，结合调整笔刷的不透明度及颜色，刻画前景中的乔木部分。为突出前后植物的对比，近处的植物需更清晰且细节丰富。

05 新建图层，使用"平画笔"笔刷
刻画植物的投影及地面部分。

06 新建图层，使用"人物1""人物
2"笔刷为场景添加人物，并通过变换变
形工具与调整图层的不透明度来表现人
物效果。

07 新建图层，使用"星云"笔刷为天空上色。刻画天空的过程中，注意"前重后轻"，拉开天空的空间层次。
为营造秋日黄昏氛围，光源周围的色彩可使用偏暖的黄色。

08 新建图层，使用"平画笔"笔刷，将其调整至合适的笔刷大小，为画面刻画暖黄色光源，增加光线细节。

09 将线稿图层的环境部分隐藏，并对其他部分线稿的不透明度进行细微调整，完成绘制。

提 示

本节的图层命名与分组管理参考右图。

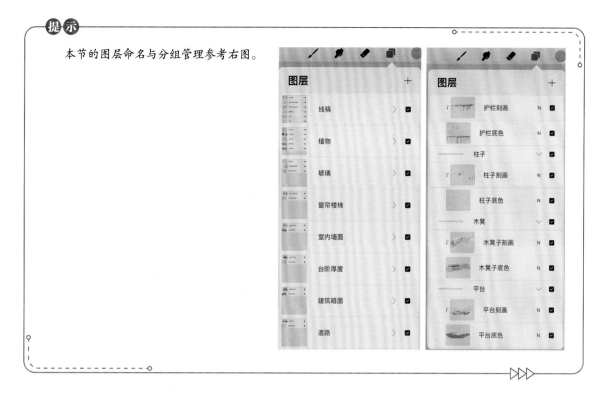

7.6 雪景建筑氛围效果图绘制技法

学习要点

● 木结构建筑的画法。　　　● 枯树植物的多层次画法。　　　● 雪景氛围的画法。

◇ **使用的笔刷**

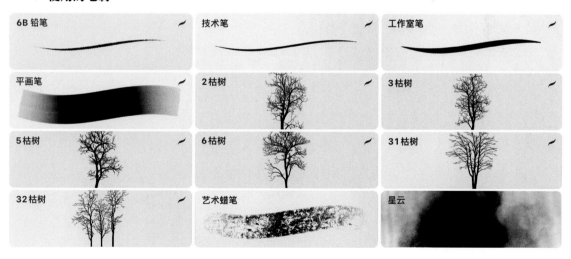

7.6.1 建筑线稿绘制

01 建立画布，为了保障画面效果清晰，设置宽度为5790px，高度为4200px。

02 新建草图图层，用"6B 铅笔"笔刷绘制草图。

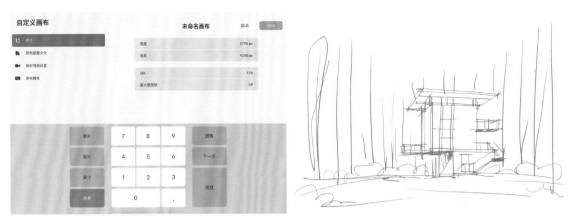

03 降低草图图层的不透明度并新建线稿图层，同时设置"透视"辅助，方便线条与透视效果的准确绘制，然后用黑色"技术笔"笔刷进行建筑部分的线稿绘制。

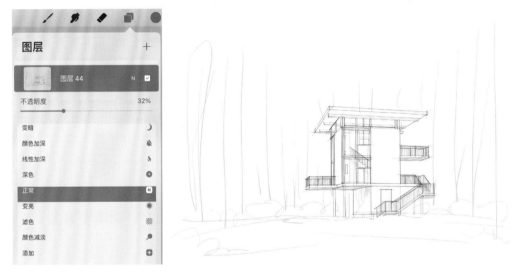

04 继续新建图层，进行植物与环境部分的线稿绘制。

05 线稿绘制完成后，为了方便上色与观察，需把草图图层关闭或删除。

06 为了方便图层的使用与管理，需对图层进行重命名与分组。点击图层缩略图，选择"重命名"，更改图层的名称。依次对图层进行单指右滑操作，选择"组"并重命名，即可完成线稿成组操作。

7.6.2 建筑结构上色

01 新建图层，使用"工作室笔"笔刷为建筑立面上底色，再新建图层并点击图层缩略图，选择"剪辑蒙版"，然后使用"平画笔"笔刷为建筑立面刻画明暗细节。

02 新建图层，使用"工作室笔"笔刷为建筑屋顶底面上底色，再新建图层并点击图层缩略图，选择"剪辑蒙版"，然后使用"平画笔"笔刷为建筑屋顶底面刻画细节。

03 新建图层，使用"工作室笔"笔刷为建筑内部上底色，再新建图层并点击图层缩略图，选择"剪辑蒙版"，然后使用"平画笔"笔刷为建筑内部刻画细节。

04 新建图层，使用"工作室笔"笔刷为建筑内部楼梯底架上底色，再新建图层并点击图层缩略图，选择"剪辑蒙版"，然后使用"平画笔"笔刷为建筑内部楼梯底架刻画细节。

05 新建图层，使用"工作室笔"笔刷为建筑楼梯上底色，再新建图层并点击图层缩略图，选择"剪辑蒙版"，然后使用"平画笔"笔刷为建筑楼梯刻画细节。

06 新建图层，使用"工作室笔"笔刷为建筑框架上底色，再新建图层并点击图层缩略图，选择"剪辑蒙版"，然后使用"平画笔"笔刷为建筑框架刻画明暗细节。

07 新建图层，使用"工作室笔"笔刷为建筑室外楼梯护栏部分上底色，再新建图层并点击图层缩略图，选择"剪辑蒙版"，然后使用"平画笔"笔刷为建筑室外楼梯护栏部分刻画细节。

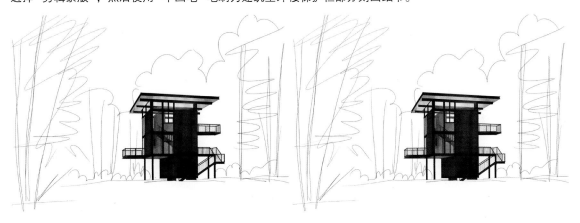

7.6.3 建筑环境上色

01 新建图层，使用"平画笔"笔刷为地面上底色，再通过调整图层的不透明度及配合擦除笔刷来刻画地面的细节。

02 新建图层，使用"平画笔"笔刷绘制出地面和远景的前后层次。

03 新建图层，使用"枯树"系列笔刷，结合调整图层的不透明度、颜色与笔刷的大小等，刻画中景和远景的树木，注意图层的不透明度与颜色的饱和度都需降低。完成后新建图层，使用"艺术蜡笔"笔刷为树木刻画积雪。

04 新建图层，使用"枯树"系列笔刷，结合调整笔刷的不透明度及颜色，刻画建筑附近的树木。完成后新建图层，使用"艺术蜡笔"笔刷为树木刻画积雪。

05 新建图层，使用"枯树"系列笔刷，结合调整笔刷的不透明度及颜色，刻画近景中的树木，为突出前后植物的对比，近处植物需更清晰且细节丰富。完成后新建图层，使用"艺术蜡笔"笔刷为树木刻画积雪。

06 新建图层，使用"艺术蜡笔"笔刷刻画前景、围栏及建筑的积雪。

07 新建图层，使用"星云"笔刷为天空上色。刻画天空的过程中，注意前后变化，拉开远近空间层次。

08 将线稿图层的环境部分隐藏，并对其他部分线稿的不透明度进行细微调整，签名落款，完成绘制。

提示

本节的图层命名与分组管理参考右图。

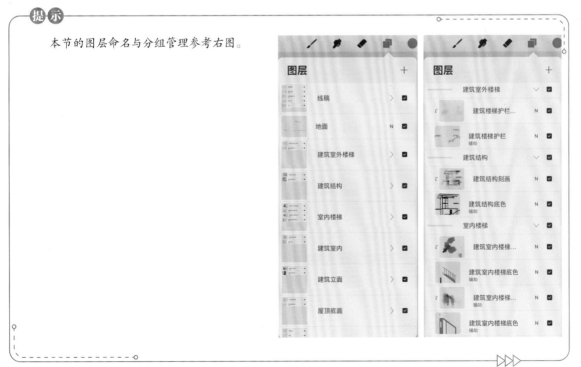

7.7 黄褐色调建筑氛围效果图绘制技法

学习要点

● 纯木结构建筑的多层次画法。　　● 植物统一色调的多层次画法。　　● 黄褐色调氛围的画法。

◇ **使用的笔刷**

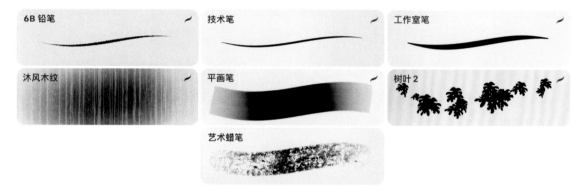

7.7.1 建筑线稿绘制

01 建立画布，为了保障画面效果清晰，设置宽度为5790px，高度为4200px。

02 新建草图图层，用"6B铅笔"笔刷绘制草图。

03 降低草图图层的不透明度并新建线稿图层，用黑色"技术笔"笔刷进行建筑部分的线稿绘制。

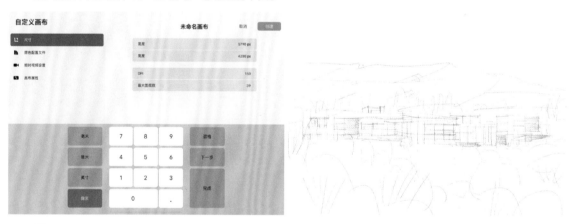

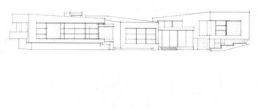

04 线稿绘制完成后，为了方便图层的使用与管理，需对图层进行重命名与分组。点击图层缩略图，选择"重命名"，更改图层的名称。依次对图层进行单指右滑操作，选择"组"并重命名，即可完成线稿成组操作。

7.7.2 建筑结构上色

01 新建图层，使用"工作室笔"笔刷为建筑亮面上底色，再新建图层并点击图层缩略图，选择"剪辑蒙版"，然后使用"沐风木纹"笔刷为建筑亮面刻画明暗细节。

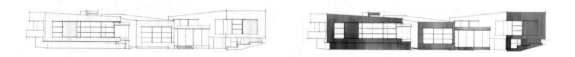

02 新建图层，使用"工作室笔"笔刷为建筑暗面上底色，再新建图层并点击图层缩略图，选择"剪辑蒙版"，然后使用"平画笔""沐风木纹"笔刷为建筑暗面刻画细节。

03 新建图层，使用"工作室笔"笔刷为建筑玻璃上底色，再新建图层并点击图层缩略图，选择"剪辑蒙版"，然后使用"平画笔"笔刷为建筑玻璃刻画细节。

04 新建图层，点击图层缩略图，选择"剪辑蒙版"，使用"平画笔"笔刷继续强化建筑玻璃的暗部对比。再新建图层并点击图层缩略图，选择"剪辑蒙版"，使用"平画笔"笔刷为建筑玻璃刻画高光细节。

7.7.3 建筑环境上色

01 新建图层，使用"平画笔""树叶2"笔刷为前景上底色，再通过调整笔刷的不透明度并配合擦除笔刷刻画前景的细节。

02 新建图层，使用"平画笔"笔刷绘制出中景植物和远山的前后层次。

03 新建图层，使用"树叶2"笔刷，结合调整图层的不透明度、颜色与笔刷的大小，刻画植物的亮暗层次。远处的植物需降低不透明度和颜色的饱和度。完成后，使用"艺术蜡笔"笔刷为树木刻画细节。

04 新建图层，使用"树叶2"笔刷，结合调整笔刷的不透明度及颜色，强化前景植物的亮部，加强与远近植物的对比。

05 新建图层，使用"树叶2"笔刷，结合调整笔刷的不透明度及颜色，刻画建筑与前景植物之间的植物。完成后新建图层，使用"艺术蜡笔""树木2"笔刷刻画植物的层次。

06 新建图层，使用"平画笔"笔刷为天空上色。刻画天空的过程中，注意前后变化，并且整体色调要和谐统一。

提 示

本节的图层命名与分组管理参考下图。

7.8 褐色调建筑氛围效果图绘制技法

学习要点

● 统一色调建筑的画法。　　　　● 褐色调植物的多层次画法。　　　　● 褐色调氛围的画法。

◇ **使用的笔刷**

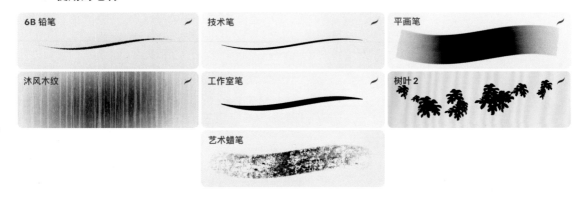

7.8.1 建筑线稿绘制

01 建立画布，为了保障画面效果清晰，设置宽度为5790px，高度为4200px。

02 新建草图图层，选择"6B铅笔"笔刷绘制草图。

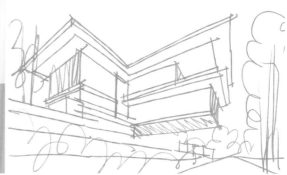

03 降低草图图层的不透明度并新建线稿图层，同时设置"透视"辅助，方便线条与透视效果的准确绘制，然后用黑色"技术笔"笔刷进行线稿的绘制。

04 线稿绘制完成后，为了方便上色与观察，需把草图图层关闭或删除。

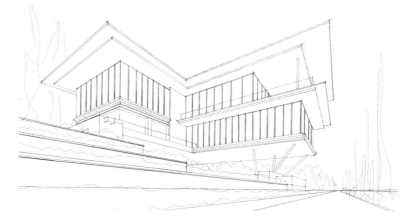

05 为了方便图层的使用与管理，需对图层进行重命名与分组。点击图层缩略图，选择"重命名"，更改图层的名称。依次对图层进行单指右滑操作，选择"组"并重命名，即可完成线稿成组操作。

7.8.2 建筑结构上色

01 新建图层，使用"平画笔"笔刷为建筑主体结构上底色，再新建图层并点击图层缩略图，选择"剪辑蒙版"，然后使用"平画笔"笔刷为建筑主体结构刻画明暗细节。

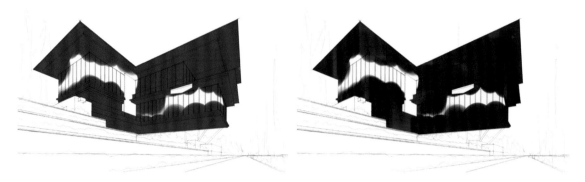

02 新建图层，点击图层缩略图，选择"剪辑蒙版"，使用"平画笔"笔刷为建筑刻画厚度细节。

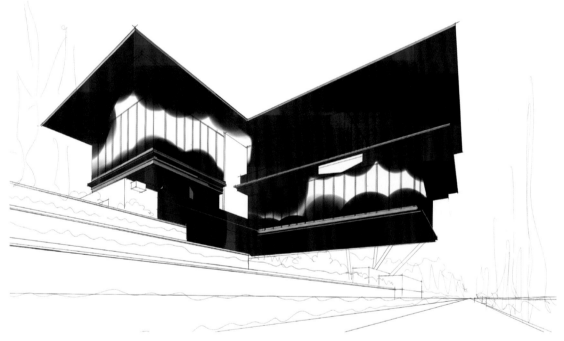

03 新建图层，使用"平画笔"笔刷为建筑屋顶底面木板上底色，再新建图层并点击图层缩略图，选择"剪辑蒙版"，然后使用"平画笔""沐风木纹"笔刷为建筑屋顶底面木板刻画细节。

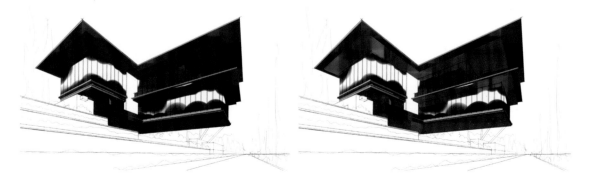

04 新建图层，点击图层缩略图，选择"剪辑蒙版"，使用"工作室笔"笔刷为建筑屋顶底面木板刻画厚度细节。

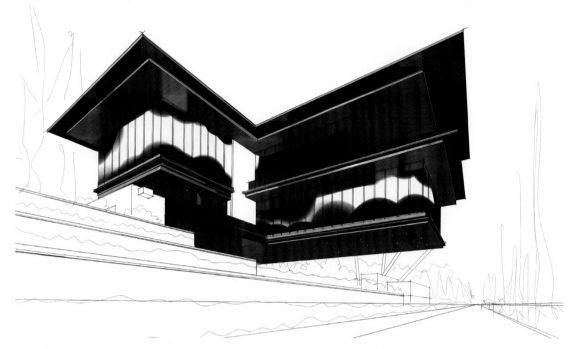

05 新建图层，使用"平画笔"笔刷为建筑玻璃上底色，再新建图层并点击图层缩略图，选择"剪辑蒙版"，然后使用"平画笔"笔刷为建筑玻璃刻画明暗细节。

06 新建图层并点击图层缩略图，选择"剪辑蒙版"，然后使用"平画笔"笔刷为建筑玻璃刻画反光细节。
07 新建图层并点击图层缩略图，选择"剪辑蒙版"，然后使用"平画笔"笔刷为建筑刻画室内细节。

08 新建图层，使用"平画笔"笔刷为建筑道路和石墙上底色，再新建图层并点击图层缩略图，选择"剪辑蒙版"，然后使用"平画笔"笔刷为建筑道路和石墙刻画明暗细节。

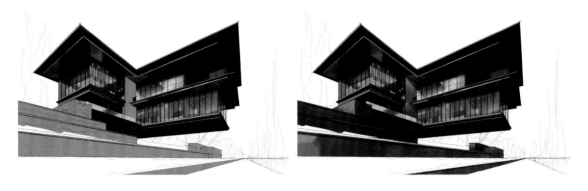

🏛 7.8.3 | 建筑环境上色

01 新建图层，使用"树叶2""艺术蜡笔"笔刷，调整笔刷的不透明度并配合擦除笔刷，刻画植物及人物等。注意色调要统一，营造出前后空间感。

02 新建图层，使用"平画笔"笔刷为天空平铺底色。

03 为了画面色调和谐统一，可先导出成图，再重新导入工作界面中，作为后期调色的图层。此处笔者使用色彩曲线调节工具为画面增强对比度与暖色调氛围。

> **提 示**
>
> 　　本节的图层命名与分组管理参考右图。

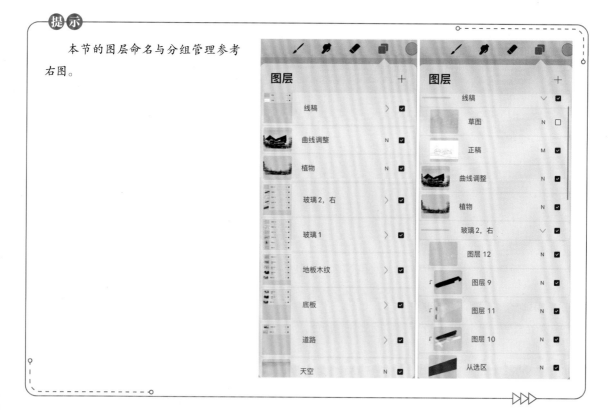

▷▷▷

7.9 蓝绿色调建筑氛围效果图绘制技法

学习要点

● 统一色调建筑的画法。　　　● 蓝绿色调植物的多层次画法。　　　● 蓝绿色调氛围的画法。

◇ **使用的笔刷**

7.9.1 建筑线稿绘制

01 建立画布，为了保障画面效果清晰，设置宽度为5790px，高度为4200px。

02 新建草图图层，选择"6B铅笔"笔刷绘制草图。

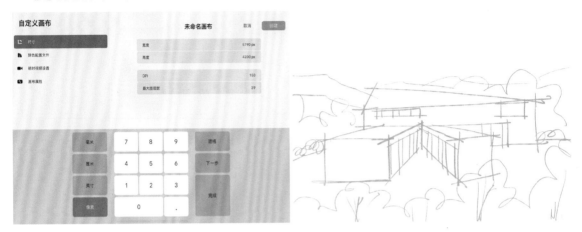

03 降低草图图层的不透明度并新建线稿图层，用黑色"技术笔"笔刷进行建筑部分的线稿绘制。

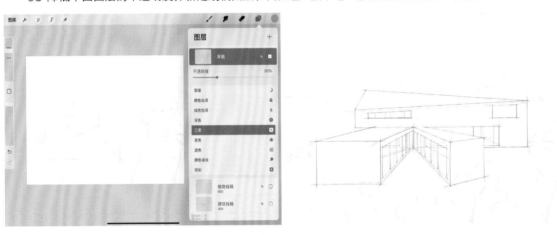

04 继续新建图层，进行植物与环境部分的线稿绘制。

05 线稿绘制完成后，为了方便上色与观察，需把草图图层关闭或删除。

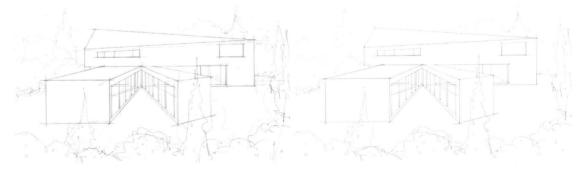

06 为了方便图层的使用与管理，需对图层进行重命名与分组。点击图层缩略图，选择"重命名"，更改图层的名称。依次对图层进行单指右滑操作，选择"组"并重命名，即可完成线稿成组操作。

7.9.2 │ 建筑结构上色

01 新建图层，使用"工作室笔"笔刷为建筑前立面上底色，再新建图层并点击图层缩略图，选择"剪辑蒙版"，然后使用"平画笔"笔刷为建筑前立面刻画细节。

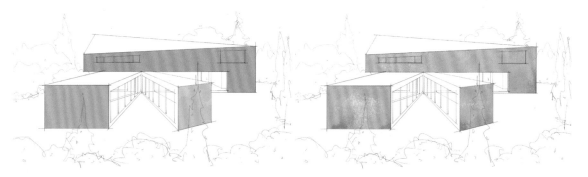

02 新建图层，使用"工作室笔"笔刷为建筑玻璃上底色，再新建图层并点击图层缩略图，选择"剪辑蒙版"，然后使用"平画笔"笔刷为建筑玻璃刻画细节。

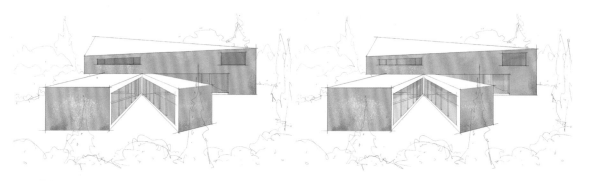

03 新建图层并点击图层缩略图，选择"剪辑蒙版"，使用"工作室笔"笔刷为建筑窗户暗部与室内结构刻画细节。

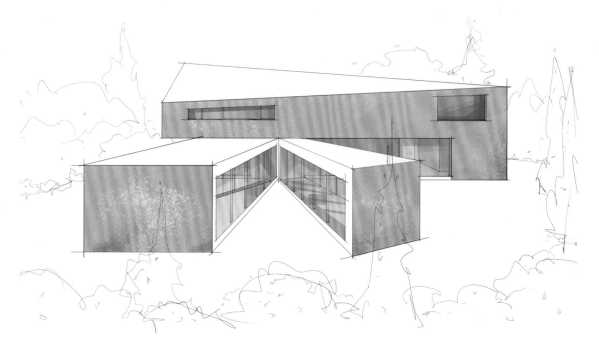

04 新建图层，使用"工作室笔"笔刷为建筑玻
璃铝合金结构刻画细节。

05 新建图层，使用"工作室笔"笔刷为建筑侧立面上底色，再新建图层并点击图层缩略图，选择"剪辑蒙
版"，然后使用"平画笔"笔刷为建筑侧立面刻画细节。

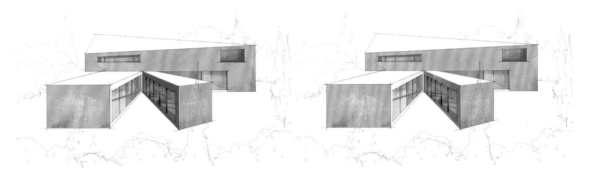

06 新建图层，使用"平画笔"笔刷为建筑顶面刻画明暗细节。

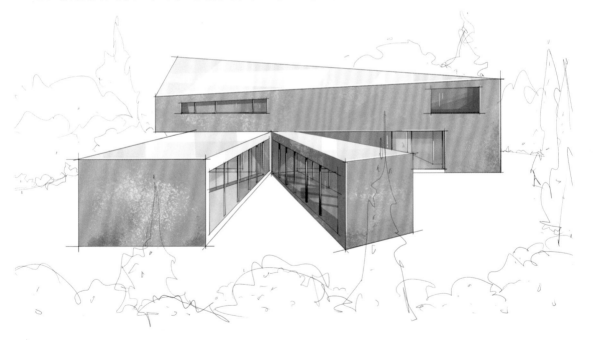

7.9.3 建筑环境上色

01 新建图层，使用"平画笔"笔刷为地面上底色，调整笔刷的不透明度并配合擦除笔刷，刻画地面的细节。

02 新建图层，使用"草丛"系列笔刷绘制出草地的底色。

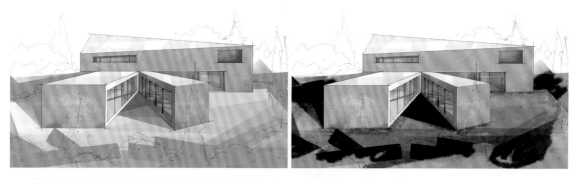

03 新建图层，使用"平画笔"笔刷，结合调整图层的不透明度、颜色与笔刷的大小，刻画远景的山体层次。

04 新建图层，使用"树叶 2"笔刷，结合调整笔刷的不透明度及颜色，刻画前景植物的暗部。

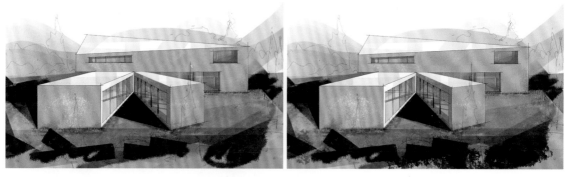

05 新建图层，使用"平画笔"笔刷为植物刻画灰面部分。

06 新建图层，使用"树叶2"
笔刷为前景植物刻画亮部细节并表
现植物的层次感。

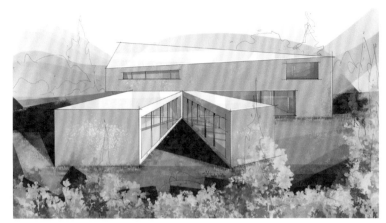

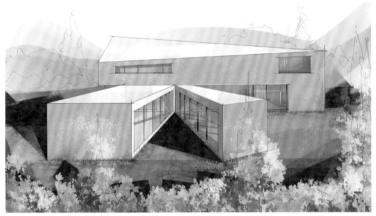

07 新建图层，使用"艺术蜡笔"笔刷为前景植物刻画树干。

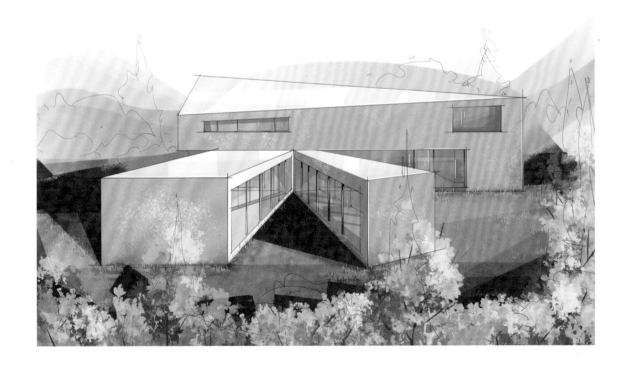

08 新建图层，使用"树叶2"笔刷为中景植物刻画层次。继续新建图层，使用"平画笔"笔刷刻画天空。

09 新建图层，使用"艺术蜡笔"笔刷为中景植物刻画树干。

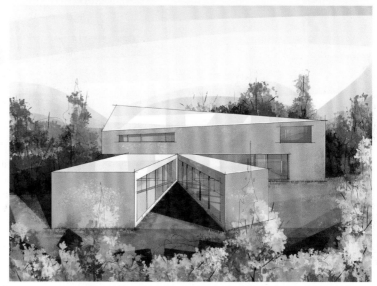

10 新建图层，使用"平画笔"笔刷为天空和中景刻画颜色过渡细节。

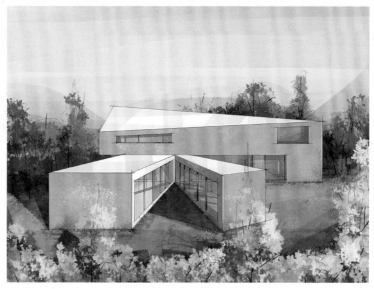

11 将线稿图层的环境部分隐藏，并对其他部分线稿的不透明度进行细微调整，完成绘制。

本节的图层命名与分组管理参考右图。

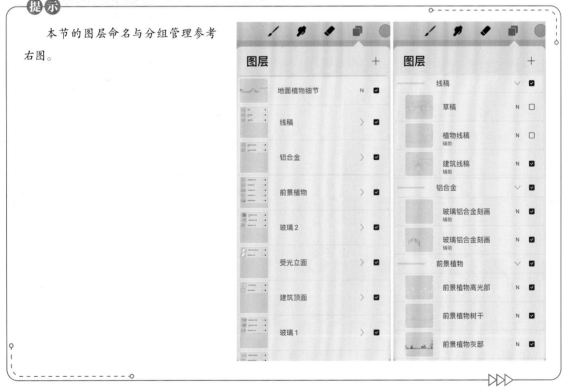